理工系のための
複素関数論

福嶋幸生●吉田 守◆共著

学術図書出版社

まえがき

　本書は大学理工系において基礎的な微分積分や線形代数学の履修を終えた学生諸君に複素数の解析学入門への手助けとなるような教科書として編集されたものである．

　現在，複素関数論については，教科書として数多くの本が出版されているが，高校教育の段階で複素数については割愛されることが多いせいで，学生諸君にはなじみがたい科目になっているようである．

　そこで，本書では予備知識は少ないものとして，複素数の導入からはじめて，理論の複雑な部分は大まかな説明にとどめ，週1回で半期という限られた回数内で複素関数論の初歩段階を紹介しようと努めた．

　第1章では複素数とはどういうものかを導入し，平面の点と対応させることによって抽象的な数を視覚できる身近なものとしてもとらえられることを紹介し，複素数の列や級数，および，複素関数のいくつかの性質について紹介する．

　第2章では複素関数の微分を導入する．複素微分は実関数の微分と似ているがその性質は全く同様というわけではなく，違うところもある．この章では実関数の微分との違いに留意しながら正則関数というものの性質を紹介する．

　第3章では平面の曲線に沿っての複素関数の積分を考え，コーシーの積分定理やコーシーの積分公式など複素関数論の初歩段階のハイライトを紹介する．

　第4章では複素関数論の応用として，孤立特異点での関数の挙動に注意し，留数という概念を導入することによって，ある種の積分の計算は簡単に処理できることを紹介する．

　第5章では前章までの本文を補足する意味で実解析学の基礎的な諸事項とコーシーの積分定理の証明を述べる．

　本書の読み方については，通り一遍の単なる流し読みでなく，行きつ戻りつ繰り返し読み直して理解を一歩ずつ深めていくことが肝要であろう．

　複素関数論の範囲や深みは限りがない．より深い理解を求める諸氏は程度の高

い専門書を参考にされることを勧める．本書では，限られた時間内でできるだけ初歩の入門段階を紹介したつもりであるが著者たちの浅学非才のために思わぬ見落としがあるかもしれない．実際の講義を担当される先生方や学生諸君のいろいろなご意見やご叱責を仰ぎ，より一層の充実をはかるつもりである．本書の作成に当たり，多くの既刊の複素関数論の関係書を参考にさせていただいた．

　おわりに，本書の作成に対して，ご尽力いただいた学術図書出版社の発田孝夫氏に深く謝意を表したい．

2009 年 10 月

著者一同

目　次

第 1 章　複素数と連続関数　　1
- 1.1　複素数と複素平面 1
- 1.2　複素平面上の点集合 10
- 1.3　複素数列と複素級数 12
- 1.4　複素関数 17

第 2 章　複素微分と正則関数　　26
- 2.1　複素微分 26
- 2.2　正則関数の性質 I 30
- 2.3　逆関数 32

第 3 章　複素積分とコーシーの定理　　36
- 3.1　曲線と複素積分 36
- 3.2　コーシーの積分定理 41
- 3.3　コーシーの積分公式 46
- 3.4　正則関数の性質 II 49

第 4 章　孤立特異点と留数定理　　55
- 4.1　孤立特異点とローラン級数展開 55
- 4.2　特異点の種類 61
- 4.3　留数の定理 63
- 4.4　定積分への応用 66

第5章 補足的な話題　　71
5.1 実数列の収束と極限 71
5.2 コーシーの積分定理 76

付録A 問題のヒントと解答　　79

索引　　84

第 1 章

複素数と連続関数

1.1 複素数と複素平面
1.1.1 複素数

$$i^2 = -1 \tag{1.1}$$

をみたす記号 i を導入する．この i を**虚数単位**という．

2つの実数 x, y に対して，

$$x + yi \quad \text{または} \quad x + iy \tag{1.2}$$

を**複素数**といい，記号 z と表す．複素数 $z = x + yi$ において，x を複素数 z の**実部**といい，$\operatorname{Re} z$ と表し，y を z の**虚部**といい，$\operatorname{Im} z$ と表す．したがって，

$$z = x + yi = \operatorname{Re} z + i \operatorname{Im} z. \tag{1.3}$$

虚部が零である複素数 $x + 0i$ を実数 x と同一視し，単に x と表す．これより，実数の集合は複素数の集合の部分集合と考える．

実部が零である複素数 $0 + yi$ を yi と表し，**純虚数**という．

2つの複素数 $z = x + yi, w = u + vi$ に対して

$$x = u \quad \text{かつ} \quad y = v \tag{1.4}$$

が成り立つとき，z と w は**相等しい**といい，

$$z = w \tag{1.5}$$

と表す．

問題 1.1.1 z を複素数とするとき, $z = 0$ と $\operatorname{Re} z = 0$ かつ $\operatorname{Im} z = 0$ とが同値であることを示せ.

2 つの複素数 $z = x + yi$, $w = u + vi$ に対して, 複素数
$$(x + u) + (y + v)i \tag{1.6}$$
を z と w の**和**といい,
$$z + w \tag{1.7}$$
と表す. つまり,
$$z + w = (x + u) + (y + v)i \tag{1.8}$$

2 つの複素数 $z = x + yi$, $w = u + vi$ に対して, 複素数
$$(xu - yv) + (xv + yu)i \tag{1.9}$$
を z と w の**積**といい,
$$z \cdot w \tag{1.10}$$
と表す. つまり,
$$z \cdot w = (x + yi) \cdot (u + vi) = (xu - yv) + (xv + yu)i \tag{1.11}$$

上の和と積の定義より, 次の定理が成り立つことが知られている.

定理 1.1 複素数 z, z_1, z_2, z_3, w に対して, 次が成り立つ:
1) $z + w = w + z$
2) $(z_1 + z_2) + z_3 = z_1 + (z_2 + z_3)$
3) 零と呼ばれる複素数 $0 = 0 + 0i$ が唯一つあって
$$z + 0 = 0 + z = z$$
が成り立つ.
4) 複素数 z に対して,
$$z + w = w + z = 0$$
をみたす複素数 w が唯一つある. この複素数を $-z$ と表す.
したがって, $z = x + yi$ のとき,
$$-z = (-x) + (-y)i = -x - yi$$
である.
5) $z \cdot w = w \cdot z$

6) $(z_1 \cdot z_2) \cdot z_3 = z_1 \cdot (z_2 \cdot z_3)$
7) 1 なる複素数 $1 = 1 + 0i$ が唯一つあって
$$z \cdot 1 = 1 \cdot z = z$$
が成り立つ.
8) 複素数 $z \neq 0$ に対して,
$$z \cdot w = w \cdot z = 1$$
をみたす複素数 w が唯一つある.この複素数を z の**逆数**といい,z^{-1} と表す.したがって,$z = x + yi \neq 0$ のとき,
$$z^{-1} = \frac{1}{z} = \frac{x}{x^2+y^2} + \frac{-y}{x^2+y^2}i$$
である.
9) $(z_1 + z_2) \cdot w = z_1 \cdot w + z_2 \cdot w$

例題 1.1.1 次の複素数の計算結果を $x + yi$ の形で表せ.

(1) $(2+3i) - (1-2i)$ (2) $\dfrac{i}{1-i}$

解 (1) $(2+3i) - (1-2i) = (2+3i) + (-1+2i) = (2-1) + (3+2)i = 1 + 5i$.
(2) $\dfrac{i}{1-i} = \dfrac{i(1+i)}{(1-i)(1+i)} = \dfrac{-1+i}{2} = -\dfrac{1}{2} + \dfrac{1}{2}i$ ∎

問題 1.1.2 次の複素数の計算結果を $x + yi$ の形で表せ.

(1) $(2-3i) + (-1-4i)$ (2) $3 - 5i - (-4+6i)$ (3) $(2-5i)(-1+3i)$

(4) $3i(2-i)$ (5) $\dfrac{2-i}{3-2i}$ (6) $\dfrac{1+i}{2i}$

1.1.2 複素平面と極形式

複素数 $z = x + yi$ と実 2 次元平面上の点 (x, y) とは互いに,1 対 1 に対応している.したがって,複素数 $z = x + yi$ を実平面上の点 (x, y) と同一視して,実平面上の点 (x, y) を複素数

$$z = x + yi$$

と表す.このようにして考えた平面を**複素平面**または**ガウス平面**といい,記号 $\mathbb{C}$ で表す.実平面上の x 軸と y 軸は複素平面上ではそれぞれ,**実軸**と**虚軸**と呼ばれる.

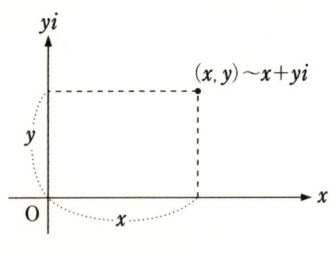

図 1.1

問題 1.1.3 次の各複素数を複素平面上に図示せよ．
 (1) $2+3i$ (2) $-2i$ (3) $-3-2i$ (4) $4-i$

2 つの複素数の和と差を複素平面上で考える．2 つの複素数 $z = x + yi$, $w = u + vi$ に対して，その和 $z + w$ は

$$z + w = (x + u) + (y + v)i$$

である．複素平面上において，平行四辺形を考えることで，$z+w$ は 2 つのベクトルの和として考えて，図 1.2 のように表示される．

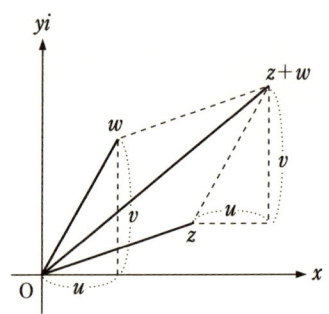

図 1.2

次に，差を考える．差 $z - w = z + (-w)$ は複素数 z と $-w$ との和と考えることで，図 1.3 のように表示される．

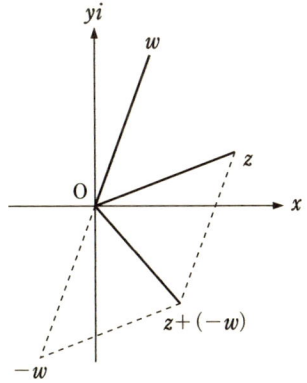

図 1.3

実 2 次元平面上では直交座標系 $((x,y)$-座標$)$ と極座標系 $((r,\theta)$-座標$)$ の間に，関係

$$\begin{cases} r = \sqrt{x^2 + y^2} \\ \tan \theta = \dfrac{y}{x} \end{cases} \quad \text{または} \quad \begin{cases} x = r\cos\theta \\ y = r\sin\theta \end{cases}$$

がある．

この関係を用いて，複素数 $z = x + yi$ を

$$r(\cos\theta + i\sin\theta)$$

と表して，z の**極形式**という．r を z の**絶対値**といい $|z|$ と表し，θ を z の**偏角** θ といい $\arg z$ と表す．$\cos\theta$ や $\sin\theta$ は周期 2π の周期関数である．z の偏角

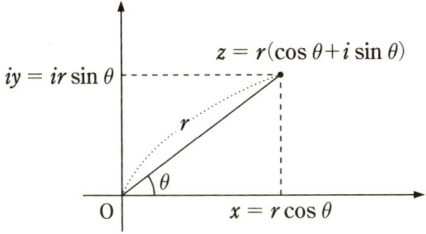

図 1.4

を θ_0 $(0 \leqq \theta_0 < 2\pi)$ * を用いると，極形式は
$$r\{\cos(2n\pi + \theta_0) + i\sin(2n\pi + \theta_0)\} \quad (n = 0, \pm 1, \pm 2, \cdots)$$
と表示される．この表示を**極形式の一般形**という．

例題 1.1.2 次の複素数の絶対値と偏角を求めよ．
(1) $-2 + 2i$ \qquad\qquad (2) $\sqrt{3} - i$

解 (1) $|-2 + 2i| = \sqrt{(-2)^2 + 2^2} = 2\sqrt{2}$. $\tan\theta = \dfrac{2}{-2} = -1$ より，$\theta = \dfrac{3}{4}\pi$.

(2) $|\sqrt{3} - i| = \sqrt{(\sqrt{3})^2 + (-1)^2} = 2$. $\tan\theta = \dfrac{-1}{\sqrt{3}}$ より，$\theta = -\dfrac{\pi}{6}$. ∎

問題 1.1.4 次の複素数の絶対値を求めよ．
(1) $-2i$ \qquad\qquad (2) $i(1-i)$

(3) $(3 - 2i) + (-2 + 5i)$ \qquad (4) $\dfrac{1 - \sqrt{3}i}{1 + i} + \dfrac{1 - i}{1 - \sqrt{3}i}$

例題 1.1.3 次の複素数を極形式の一般形で表せ．
(1) $3 + 3i$ \qquad\qquad (2) $-\sqrt{3} + i$

解 (1) $|3 + 3i| = 3\sqrt{2}$. $\tan\theta = \dfrac{3}{3} = 1$ より，$\theta = \dfrac{\pi}{4}$. よって，
$$3 + 3i = 3\sqrt{2}\{\cos(2n\pi + \dfrac{\pi}{4}) + i\sin(2n\pi + \dfrac{\pi}{4})\} \quad (n: 整数)$$

(2) $|-\sqrt{3} + i| = 2$. $\tan\theta = -\dfrac{1}{\sqrt{3}}$ より，$\theta = \dfrac{5}{6}\pi$.
$$-\sqrt{3} + i = 2\{\cos(2n\pi + \dfrac{5}{6}\pi) + i\sin(2n\pi + \dfrac{5}{6}\pi)\} \quad (n: 整数) \quad ∎$$

---

* θ_0 $(-\pi < \theta_0 \leqq \pi)$ を用いる場合もある．

問題 1.1.5 次の複素数を極形式の一般形で表せ.

(1) $-2i$ (2) $i(1-i)$ (3) $\dfrac{1}{\sqrt{3}+i}$

偏角については次の補助定理がある. 証明は加法定理を用いる.

補助定理 1.1
$$(\cos\theta + i\sin\theta)(\cos\varphi + i\sin\varphi) = \cos(\theta+\varphi) + i\sin(\theta+\varphi)$$

この補助定理より, 次の定理が成り立つ.

定理 1.2 z, w を複素数とするとき, 次が成り立つ:
1) $|z \cdot w| = |z| \cdot |w|$
2) $\left|\dfrac{z}{w}\right| = \dfrac{|z|}{|w|}$ $(w \neq 0)$
3) $||z| - |w|| \leqq |z+w| \leqq |z| + |w|$
4) $z = x + yi$ のとき,
$$|x|, |y| \leqq |x+yi| \leqq |x| + |y|.$$
5) $\arg(z \cdot w) = \arg z + \arg w$ (2π の整数倍の相違は除く)
6) $\arg\left(\dfrac{z}{w}\right) = \arg z - \arg w$ (2π の整数倍の相違は除く)
7) ド・モアブルの公式
$$(\cos\theta + i\sin\theta)^n = \cos n\theta + i\sin n\theta\ (\ n:\text{整数}\ )$$

問題 1.1.6 上の定理を証明せよ.

2つの複素数の積と商を複素平面上で考える. 2つの複素数 z, w を極形式で表して,
$$z = r(\cos\theta + i\sin\theta),\ w = \rho(\cos\varphi + i\sin\varphi)$$
とする. その積 $z \cdot w$ は
$$z \cdot w = r\rho(\cos(\theta+\varphi) + i\sin(\theta+\varphi))$$

である.複素平面上において,原点を O,点 1 を A とする.△OAz と同じ向きに相似な △OwP をつくると点 P が積 $z \cdot w$ を表す点である.

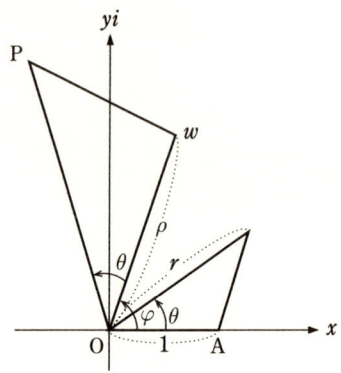

図 1.5

次に,商を考える.商 $\dfrac{z}{w}$ は
$$\frac{z}{w} = \frac{r}{\rho}(\cos(\theta - \varphi) + i\sin(\theta - \varphi))$$
である.△Owz と同じ向きに相似な △OAQ をつくると点 Q が商 $\dfrac{z}{w}$ を表す点である.

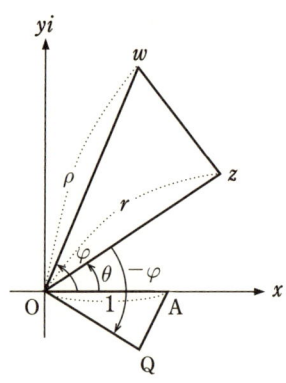

図 1.6

例題 1.1.4 方程式 $z^3 = i$ を解け.

解 i を極形式の一般形で表すと
$$i = \cos\left(2n\pi + \frac{\pi}{2}\right) + i\sin\left(2n\pi + \frac{\pi}{2}\right) \quad (n = 0, \pm 1, \pm 2, \cdots).$$
$z = r(\cos\theta + i\sin\theta)$ とおくと $z^3 = r^3(\cos 3\theta + i\sin 3\theta)$ より,

$$\begin{cases} r^3 = 1 \\ 3\theta = 2n\pi + \dfrac{\pi}{2} \quad (n = 0, \pm 1, \pm 2, \cdots) \end{cases}$$

$$\therefore \begin{cases} r = 1 \\ \theta = \dfrac{2n\pi}{3} + \dfrac{\pi}{6} \quad (n = 0, \pm 1, \pm 2, \cdots) \end{cases}$$

よって, r, θ を $z = r(\cos\theta + i\sin\theta)$ に代入して

$$z = \cos\left(\frac{2n\pi}{3} + \frac{\pi}{6}\right) + i\sin\left(\frac{2n\pi}{3} + \frac{\pi}{6}\right) \quad (n = 0, \pm 1, \pm 2, \cdots)$$

求める解は $n = 0, 1, 2$ に対して,

$n = 0$ のとき, $z = \cos\dfrac{\pi}{6} + i\sin\dfrac{\pi}{6} = \dfrac{\sqrt{3} + i}{2}$,

$n = 1$ のとき, $z = \cos\left(\dfrac{2\pi}{3} + \dfrac{\pi}{6}\right) + i\sin\left(\dfrac{2\pi}{3} + \dfrac{\pi}{6}\right) = \dfrac{-\sqrt{3} + i}{2}$,

$n = 2$ のとき, $z = \cos\left(\dfrac{4\pi}{3} + \dfrac{\pi}{6}\right) + i\sin\left(\dfrac{4\pi}{3} + \dfrac{\pi}{6}\right) = -i$.

ゆえに, 解は $\dfrac{\pm\sqrt{3} + i}{2}$, $-i$ の 3 個である. ∎

問題 1.1.7 次の方程式を解け.

(1) $z^3 = 1 + \sqrt{3}i$ (2) $z^4 = -1$ (3) $z^6 = -i$

複素数 $z = x + yi$ に対して，複素数
$$x - yi = x + (-y)i \tag{1.12}$$
を z の**共役複素数**といい，$\overline{z}$ と表す．

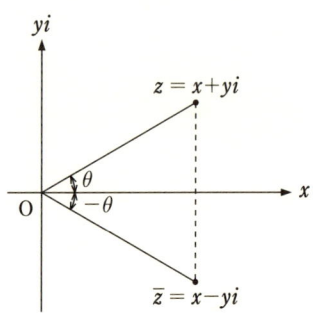

図 1.7

問題 1.1.8 $\operatorname{Re} z = \dfrac{z + \overline{z}}{2}$, $\operatorname{Im} z = \dfrac{z - \overline{z}}{2i}$ を示せ．

定理 1.3 z, w を複素数とするとき，次が成り立つ：
1) $\overline{z + w} = \overline{z} + \overline{w}$, $\overline{z - w} = \overline{z} - \overline{w}$
2) $\overline{z \cdot w} = \overline{z} \cdot \overline{w}$
3) $\overline{\left(\dfrac{z}{w}\right)} = \dfrac{\overline{z}}{\overline{w}}$
4) $\overline{(\overline{z})} = z$
5) $|\overline{z}| = |z|$
6) $z \cdot \overline{z} = |z|^2$
7) $\arg \overline{z} = -\arg z$

1.2 複素平面上の点集合

z_0 を複素数とし，r を正数とするとき，集合
$$\{z \in \mathbb{C} \mid |z - z_0| < r\}$$

を点 z_0 の r-近傍または r-開円板といい，$U_r(z_0)$ と表す．

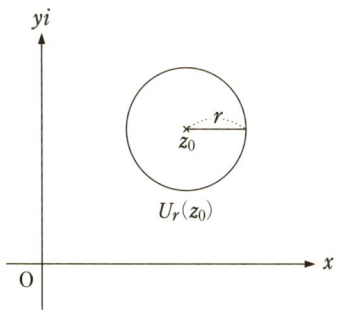

図 1.8

集合
$$\{z \in \mathbb{C} \mid |z - z_0| = r\}$$
を中心が z_0 で，半径 r の円周といい，$|z - z_0| = r$ と表す．

集合
$$\{z \in \mathbb{C} \mid |z - z_0| \leqq r\}$$
を点 z_0 の r-閉円板といい，$\overline{U_r(z_0)}$ と表す．

D を複素平面上の集合とする．D 内の各点 z に対して
$$U_r(z) \subset D \tag{1.13}$$
をみたす正数 r が必ずとれるとき，D は**開集合**であるという．

A を複素平面上の集合とするとき，集合
$$\mathbb{C} - A = \{z \in \mathbb{C} \mid z \notin A\}$$
を A の**補集合**であるという．

F を複素平面上の集合とする．F の補集合 $\mathbb{C} - F$ が開集合となるとき，集合 F を**閉集合**であるという．

A を複素平面上の集合とするとき，
$$A \subset U_r(0)$$

をみたす原点の r-近傍がとれるとき,集合 A は**有界**であるという.

開集合の例として,複素平面全体の集合や原点の r-近傍などがあり,閉集合の例として,有限個の点からなる集合や原点の r-閉近傍などがある.

2 点 z, w を 2 つの複素数とする. 2 点 z と w を結ぶ最短な道を z と w を結ぶ**線分**であるという.

線分を有限個つないでできるものを**折れ線**という.

D を複素平面上の開集合とする.D 内の任意の 2 点 z, w に対して,D 内に含まれる折れ線で,点 z と点 w が結ばれるとき集合 D は**連結**であるという.

複素平面内の連結な開集合を**領域**という.

1.3 複素数列と複素級数

1.3.1 複素数列

複素数を次のように無限個並べたもの

$$z_1, z_2, \cdots, z_n, \cdots$$

を**複素数列**または**複素点列**といい,$\{z_n\}_{n=1}^{\infty}$, $\{z_n\}_1^{\infty}$, $\{z_n\}$ などと表す.

$\{z_n\}_{n=1}^{\infty}$ を複素数列とし,α を複素数とする.$n \to \infty$ のとき,$|z_n - \alpha| \to 0$ となるならば,複素数列 $\{z_n\}_{n=1}^{\infty}$ は α に**収束する**といい,

$$\lim_{n \to \infty} z_n = \alpha \tag{1.14}$$

または

$$z_n \longrightarrow \alpha \ (n \longrightarrow \infty) \tag{1.15}$$

と表す.α を複素数列 $\{z_n\}_{n=1}^{\infty}$ の**極限 (値)** という.複素数列 $\{z_n\}_{n=1}^{\infty}$ が収束しないとき,**発散する**という.

複素数列 $\{z_n\}_{n=1}^{\infty}$ が複素数 $\alpha = a + bi$ に収束すると仮定する.各自然数 n に対して,$z_n = x_n + iy_n$ とおくと,$\{x_n\}_{n=1}^{\infty}$, $\{y_n\}_{n=1}^{\infty}$ は実数列で,

$$|x_n - a|, |y_n - b| \leqq \sqrt{(x_n - a)^2 + (y_n - b)^2} = |z_n - \alpha| \tag{1.16}$$

より,2 つの実数列 $\{x_n\}_{n=1}^{\infty}$, $\{y_n\}_{n=1}^{\infty}$ はそれぞれ,実数 a, b に収束する.

逆に，2つの実数列 $\{x_n\}_{n=1}^{\infty}$，$\{y_n\}_{n=1}^{\infty}$ がそれぞれ，実数 a，b に収束すると仮定する．各自然数 n に対して，$z_n = x_n + iy_n$ とおくと，$\{z_n\}_{n=1}^{\infty}$ は複素数列で，

$$|z_n - \alpha| = \sqrt{(x_n - a)^2 + (y_n - b)^2} \leqq |x_n - a| + |y_n - b| \tag{1.17}$$

より，複素数列 $\{z_n\}_{n=1}^{\infty}$ は複素数 $\alpha = a + bi$ に収束する．以上をまとめると次の定理を得る．

定理 1.4 複素数列 $\{z_n\}_{n=1}^{\infty} = \{x_n + iy_n\}_{n=1}^{\infty}$ が複素数 $\alpha = a + bi$ に収束するために必要十分条件は 2 つの実数列 $\{x_n\}_{n=1}^{\infty}$，$\{y_n\}_{n=1}^{\infty}$ がそれぞれ，実数 a，b に収束することである．

この定理より，微分積分で学習した実数列に関する諸定理はそのまま複素数列にも成立することがわかる．次の定理は微分積分で見慣れた公式と同じものである．

定理 1.5 $\lim_{n\to\infty} z_n = \alpha$，$\lim_{n\to\infty} w_n = \beta$ とするとき，次が成り立つ：
1) $\lim_{n\to\infty} (z_n + w_n) = \alpha + \beta$.
2) k を複素数とするとき，$\lim_{n\to\infty} (k \cdot z_n) = k \cdot \alpha$.
3) $\lim_{n\to\infty} z_n \cdot w_n = \alpha \cdot \beta$.
4) $w_n \neq 0$ $(n = 1, 2, \cdots)$，$\beta \neq 0$ とするとき，$\lim_{n\to\infty} \dfrac{1}{w_n} = \dfrac{1}{\beta}$.
5) $\lim_{n\to\infty} |z_n| = |\alpha|$.

定理 1.6 複素数列 $\{z_n\}_{n=1}^{\infty}$ が収束するための必要十分条件は $\{z_n\}_{n=1}^{\infty}$ が**コーシー列**であること，すなわち，複素数列 $\{z_n\}_{n=1}^{\infty}$ が条件

$$\lim_{m,n\to\infty} |z_m - z_n| = 0 \tag{1.18}$$

をみたすことである．

証明 各自然数 n に対して，$z_n = x_n + y_n$ とおく．実数列の議論で，実数列が収束するための必要十分条件はそれがコーシー列となることである (定理 5.7)．また，式

(1.16), (1.17) により
$$|x_m - x_n|, |y_m - y_n| \leqq |z_m - z_n| \leqq |x_m - x_n| + |y_m - y_n| \tag{1.19}$$
だから，定理は成り立つ． ∎

1.3.2 複素級数

$\{z_n\}_{n=1}^{\infty}$ を複素数列とするとき，形式的な無限和

$$z_1 + z_2 + \cdots + z_n + \cdots \tag{1.20}$$

を**複素級数**といい，$\sum_{n=1}^{\infty} z_n, \sum_{1}^{\infty} z_n, \sum z_n$ などと表す．

$\sum_{n=1}^{\infty} z_n$ を複素級数とする．各 $n\,(=1,2,\cdots)$ に対して，

$$S_n = z_1 + z_2 + \cdots + z_n$$

を $\sum_{n=1}^{\infty} z_n$ の**第 n 部分和**という．第 n 部分和 S_n からなる複素数列 $\{S_n\}_{n=1}^{\infty}$ が複素数 α に収束するとき，複素級数 $\sum_{n=1}^{\infty} z_n$ は α に**収束する**といい，α を複素級数 $\sum_{n=1}^{\infty} z_n$ の**和**という．また，複素数列 $\{S_n\}_{n=1}^{\infty}$ が発散するとき，複素級数 $\sum_{n=1}^{\infty} z_n$ は**発散する**という．

定理 1.7 複素級数 $\sum_{n=1}^{\infty} z_n$ が収束するならば $\lim_{n\to\infty} z_n = 0$ である．

証明 複素級数 $\sum_{n=1}^{\infty} z_n$ が α に収束するとする．第 n 部分和を S_n とするとき，
$$\lim_{n\to\infty} |z_n| = \lim_{n\to\infty} |S_n - S_{n-1}| = |\alpha - \alpha| = 0.$$
よって，定理は成立する． ∎

この定理 1.7 の対偶を考えると，$\lim_{n\to\infty} z_n \neq 0$ ならば，複素級数 $\sum_{n=1}^{\infty} z_n$ は発

散することがいえる.

定理 1.8 $\sum_{n=1}^{\infty} z_n = \alpha$, $\sum_{n=1}^{\infty} w_n = \beta$ とするとき, 次が成り立つ:

1) $\sum_{n=1}^{\infty} (z_n + w_n) = \alpha + \beta$

2) k を複素数とするとき, $\sum_{n=1}^{\infty} (k \cdot z_n) = k \cdot \alpha$

証明 第 n 部分和に対して, 定理 1.5 の 1), 2) を適用すればよい. ∎

複素級数 $\sum_{n=1}^{\infty} z_n$ において, 絶対値項の級数 $\sum_{n=1}^{\infty} |z_n|$ が収束するとき, 複素級数 $\sum_{n=1}^{\infty} z_n$ を**絶対収束級数**という.

定理 1.9 複素級数 $\sum_{n=1}^{\infty} z_n$ が絶対収束級数ならば, 級数 $\sum_{n=1}^{\infty} z_n$ は収束する.

証明 $S_n = \sum_{k=1}^{n} z_k$, $T_n = \sum_{k=1}^{n} |z_k|$ とおく. $n > m > 0$ に対して,

$$|S_n - S_m| = \left|\sum_{k=m+1}^{n} z_k\right| \leq \sum_{k=m+1}^{n} |z_k| = T_n - T_m$$

が成り立つ. $\{T_n\}_{n=1}^{\infty}$ は収束するから, コーシー列である. よって, $\{S_n\}_{n=1}^{\infty}$ もコーシー列となり, 定理 1.6 より, 定理は成り立つ. ∎

定理 1.10 (コーシー積) 2 つの複素級数 $\sum_{n=1}^{\infty} z_n$, $\sum_{n=1}^{\infty} w_n$ が絶対収束級数するとする. 各 $n = 2, 3, 4, \cdots$ に対して

$$\alpha_n = z_{n-1} \cdot w_1 + z_{n-2} \cdot w_2 + \cdots + z_1 \cdot w_{n-1} \tag{1.21}$$

とおく．このとき，複素級数 $\displaystyle\sum_{n=2}^{\infty} \alpha_n$ は絶対収束し，

$$\sum_{n=2}^{\infty} \alpha_n = \left(\sum_{n=1}^{\infty} z_n\right) \cdot \left(\sum_{n=1}^{\infty} w_n\right) \tag{1.22}$$

が成り立つ．

複素級数の収束に関して，次のよく知られた**優級数定理**がある．

定理 1.11 $\displaystyle\sum_{n=1}^{\infty} z_n$ を複素級数とする．各項 z_n に対して

$$|z_n| \leqq M_n \ (n=1,2,\cdots)$$

をみたす非負数 M_n があるとし，級数 $\displaystyle\sum_{n=1}^{\infty} M_n$ は収束するとする．このとき，複素級数 $\displaystyle\sum_{n=1}^{\infty} z_n$ は絶対収束する．

定理 1.12 複素級数 $\displaystyle\sum_{n=1}^{\infty} z_n$ において，極限 $r = \displaystyle\lim_{n\to\infty}\left|\frac{z_{n+1}}{z_n}\right|$ が存在する ($r=\infty$ も許す) と仮定する．このとき，次が成り立つ：

$$\sum_{n=1}^{\infty} z_n = \begin{cases} 絶対収束する & (r<1) \\ 発散する & (r>1) \end{cases}$$

例題 1.3.1 次の複素級数の収束・発散を調べよ．
(1) $\displaystyle\sum_{n=1}^{\infty} \left(\frac{i}{2}\right)^n$ \qquad (2) $\displaystyle\sum_{n=1}^{\infty} \frac{(1+i)^n}{n}$

解 (1) $\displaystyle\lim_{n\to\infty}\left|\frac{\left(\frac{i}{2}\right)^{n+1}}{\left(\frac{i}{2}\right)^n}\right| = \lim_{n\to\infty}\frac{1}{2} = \frac{1}{2} < 1$. よって，収束する．

(2) $\displaystyle\lim_{n\to\infty}\left|\frac{\frac{(1+i)^{n+1}}{n+1}}{\frac{(1+i)^n}{n}}\right| = \lim_{n\to\infty}\frac{\sqrt{2}\,n}{n+1} = \sqrt{2} > 1$. よって，発散する．

1.4 複素関数

1.4.1 複素関数

2つの複素平面 z 平面と w 平面を考え，D を z 平面内の集合とする．D 内の各点 z に対して，w 平面の点 w を対応させる写像を D 上の**複素関数**といい，$w = f(z)$ と表し，D を複素関数 $f(z)$ の**定義域**，集合

$$f(D) = \{\,f(z) \mid z \in D\,\}$$

を $f(z)$ の**値域**という．以後，特に断らない限り，複素関数を単に関数という．

例題 1.4.1 次の各関数 $w = f(z)$ に対して，$z = x + yi$，$w = u + vi$ とおくとき，u, v を x, y を用いて表せ．

(1) $f(z) = z$ 　　　(2) $f(z) = z^2$ 　　　(3) $f(z) = \dfrac{1}{z}$

解 (1) $u + vi = w = f(z) = z = x + yi$ より，$u = x$, $v = y$ である．
(2) $u + vi = w = f(z) = z^2 = (x+yi)^2 = (x^2 - y^2) + 2xyi$ より，$u = x^2 - y^2$, $v = 2xy$ である．
(3) $u + vi = w = f(z) = \dfrac{1}{z} = \dfrac{1}{x+yi} = \dfrac{x}{x^2+y^2} + \dfrac{-y}{x^2+y^2}i$ より，$u = \dfrac{x}{x^2+y^2}$, $v = -\dfrac{y}{x^2+y^2}$ である．

上の例題からわかるように，$u + vi = w = f(z) = f(x+yi)$ とおくと，u, v は実2変数 x, y の実数値関数となる．これより，$u = u(x, y)$, $v = v(x, y)$ と

表し,関数 $f(z)$ を

$$f(x+yi) = u(x,y) + iv(x,y) \tag{1.23}$$

と表すこともある.

1.4.2 関数の極限

z_0, α を複素数とする.関数 $f(z)$ に対して,$|z-z_0| \to 0$ のとき $|f(z)-\alpha| \to 0$ となるならば,α を z_0 における $f(z)$ の **極限 (値)** といい,

$$\lim_{z \to z_0} f(z) = \alpha \tag{1.24}$$

と表す.これは z_0 に収束するすべての複素数列 $\{z_n\}_{n=1}^{\infty}$ に対して

$$\lim_{n \to \infty} f(z_n) = \alpha \tag{1.25}$$

と同値である.

複素数列の場合と同様に次の公式が成り立つ.

定理 1.13 $\displaystyle\lim_{z \to z_0} f(z) = \alpha$,$\displaystyle\lim_{z \to z_0} g(z) = \beta$ とするとき,次が成り立つ:
1) $\displaystyle\lim_{z \to z_0} (f(z) + g(z)) = \alpha + \beta$.
2) k を複素数とするとき,$\displaystyle\lim_{z \to z_0} (k \cdot f(z)) = k \cdot \alpha$.
3) $\displaystyle\lim_{z \to z_0} (f(z) \cdot g(z)) = \alpha \cdot \beta$.
4) $g(z) \neq 0$,$\beta \neq 0$ とするとき,$\displaystyle\lim_{z \to z_0} \frac{1}{g(z)} = \frac{1}{\beta}$.
5) $\displaystyle\lim_{z \to z_0} |f(z)| = |\alpha|$.

証明 証明は定理 1.5 と同様である.

例題 1.4.2 極限 $\displaystyle\lim_{z \to 1} \frac{z^2 - 1}{z - 1}$ の値を求めよ.

解 $\displaystyle\lim_{z \to 1} \frac{z^2 - 1}{z - 1} = \lim_{z \to 1} \frac{(z-1)(z+1)}{z-1} = \lim_{z \to 1} (z+1) = 2$.

1.4.3 連続関数

$f(z)$ を関数とする．極限

$$\lim_{z \to z_0} f(z) = f(z_0) \tag{1.26}$$

が成り立つとき，関数 $f(z)$ は点 z_0 で**連続**であるという．$f(z)$ が定義域 D の各点で連続のとき，$f(z)$ は D 上の**連続関数**という．

定理 1.14 $f(z), g(z)$ を連続関数とするとき，$f(z) + g(z)$, $k \cdot f(z)$ (k：複素数)，$f(z) \cdot g(z)$, $\dfrac{1}{g(z)}$ ($g(z) \neq 0$)，$|f(z)|$ はすべて連続関数である．

合成関数の連続性も成り立つ．

定理 1.15 $w = f(z), \zeta = g(w)$ を 2 つの連続関数とするとき，合成 $(g \circ f)(z) = g(f(z))$ は連続関数である．

連続関数に関して，次の結果はよく知られている．

定理 1.16 F を複素平面内の有界な閉集合とし，$f(z)$ を F 上の連続関数とするとき，$|f(z)|$ は F 内で最大値と最小値をとる．

1.4.4 整級数

z_0 を複素数，z を複素変数とし，$\{a_n\}_{n=0}^{\infty}$ を複素数列とする．このとき，無限和

$$a_0 + a_1(z - z_0) + a_2(z - z_0)^2 + \cdots + a_n(z - z_0)^n + \cdots \tag{1.27}$$

を z_0 を中心とし，$\{a_n\}$ を係数にもつ**整級数**といい，

$$\sum_{n=0}^{\infty} a_n(z - z_0)^n, \quad \sum_{0}^{\infty} a_n(z - z_0)^n, \quad \sum a_n(z - z_0)^n \tag{1.28}$$

などと表す．

整級数 $\sum_{n=0}^{\infty} a_n(z-z_0)^n$ において,複素変数 z に値 z_1 を代入すると,$\sum_{n=0}^{\infty} a_n(z_1-z_0)^n$ は複素級数である.したがって,収束・発散が議論できる.

例題 1.4.3 次の各整級数はどんな点で収束・発散をするかを調べよ.

(1) $\sum_{n=0}^{\infty} n!\, z^n$ 　　(2) $\sum_{n=0}^{\infty} \dfrac{z^n}{n!}$ 　　(3) $\sum_{n=0}^{\infty} \dfrac{z^n}{2^n}$

解 (1) $S_n(z) = \sum_{k=0}^{n} n!\, z^n$ とおくと,$S_n(0) = 1$ である.よって,$\lim_{n\to\infty} S_n(0) = 1$ だから,原点で収束する.次に,原点以外の点 $z_0 (\neq 0)$ を代入すると,

$$\lim_{n\to\infty} \left| \frac{(n+1)!\, z_0^{n+1}}{n!\, z_0^n} \right| = |z_0| \lim_{n\to\infty} (n+1) = +\infty.$$

よって,定理 1.12 により,点 z_0 で発散する.

(2) (1) と同様に,原点では収束する.次に,原点以外の点 $z_0 \neq 0$ を代入すると,

$$\lim_{n\to\infty} \left| \frac{\dfrac{z_0^{n+1}}{(n+1)!}}{\dfrac{z_0^n}{n!}} \right| = \lim_{n\to\infty} \frac{|z_0|}{n+1} = 0 < 1.$$

よって,定理 1.12 により,点 z_0 で収束する.したがって,整級数 $\sum_{n=0}^{\infty} \dfrac{z^n}{n!}$ は複素平面全体で収束する.

(3) 点 $z = 1$ を代入すると,

$$\lim_{n\to\infty} \left| \frac{\dfrac{1}{2^{n+1}}}{\dfrac{1}{2^n}} \right| = \frac{1}{2} < 1.$$

よって,定理 1.12 により,点 $z = 1$ で収束する.
次に,点 $z = 3$ を代入すると,

$$\lim_{n\to\infty} \left| \frac{\dfrac{3^{n+1}}{2^{n+1}}}{\dfrac{3^n}{2^n}} \right| = \frac{3}{2} > 1.$$

よって，定理 1.12 により，点 $z = 3$ で発散する．

実は，定理 1.12 により，$|z| < 2$ をみたす点 z で収束し，$|z| > 2$ をみたす点 z で発散することがいえる．

上の例題の (1) において，整級数 $\sum_{n=0}^{\infty} n! z^n$ は原点つまり，中心点でのみ収束する．この場合のように，整級数が中心点でのみ収束するとき，整級数の収束半径 R は 零といい，$R = 0$ であると表す．

また，例題の (2) では，整級数 $\sum_{n=0}^{\infty} \dfrac{z^n}{n!}$ は複素平面全体で収束する．この場合のように，整級数が複素平面全体で収束するとき，整級数の収束半径 R は 無限大であるといい，$R = \infty$ と表す．

定理 1.17

1) 整級数 $\sum_{n=0}^{\infty} a_n (z - z_0)^n$ が点 $z_1 (\neq z_0)$ で収束するならば，整級数は集合 $\{z \in \mathbb{C} \mid |z - z_0| < |z_0 - z_1|\}$ で絶対収束し，しかもそこで連続関数である．

2) 整級数 $\sum_{n=0}^{\infty} a_n (z - z_0)^n$ が点 $z_2 (\neq z_0)$ で発散するならば，整級数は集合 $\{z \in \mathbb{C} \mid |z - z_0| > |z_0 - z_2|\}$ の各点で発散する．

整級数の収束半径 R が $R \neq 0$，かつ $R \neq \infty$ の場合は次の定理がある．

定理 1.18 整級数 $\sum_{n=0}^{\infty} a_n (z - z_0)^n$ は点 $z_1 \neq z_0$ で収束し，点 $z_2 \neq z_0$ で発散するとする．このとき，次の 2 つをみたす正数 R ($|z_1 - z_0| \leqq R \leqq |z_2 - z_1|$) が唯一つある：

1) 整級数は集合 $\{z \in \mathbb{C} \mid |z - z_0| < R\}$ で絶対収束し，しかもそこで連続関数である．

2) 整級数は $\{z \in \mathbb{C} \mid |z - z_0| > R\}$ の各点で発散する．

定理 1.18 における正数 R を整級数 $\sum_{n=0}^{\infty} a_n(z-z_0)^n$ の**収束半径**という．また，集合

$$\{ z \in \mathbb{C} \mid |z-z_0| < R \} \tag{1.29}$$

を整級数 $\sum_{n=0}^{\infty} a_n(z-z_0)^n$ の**収束円**または**収束円板**といい，単に $|z-z_0| < R$ と表す．

定理 1.17 と定理 1.18 により，整級数はその収束円において連続な関数である．収束半径に関しては次の結果がある．

定理 1.19 R を整級数 $\sum_{n=0}^{\infty} a_n(z-z_0)^n$ の収束半径とする．極限

$$r = \lim_{n \to \infty} \left| \frac{a_{n+1}}{a_n} \right| \tag{1.30}$$

が存在する（ $r = \infty$ も許す）と仮定する．このとき，$R = \dfrac{1}{r}$ である．ただし，$r = 0$ のとき，$R = \infty$ と定め，$r = \infty$ のとき，$R = 0$ と定める．

例題 1.4.4 整級数 $\sum_{n=0}^{\infty} \dfrac{z^n}{n!}$ の収束半径を求めよ．

解 $R = \lim_{n \to \infty} \left| \dfrac{\dfrac{1}{n!}}{\dfrac{1}{(n+1)!}} \right| = \lim_{n \to \infty} (n+1) = \infty$

整級数 $\sum_{n=0}^{\infty} \dfrac{z^n}{n!}$ は上の例題より，複素平面全体で定義された連続関数である．これを**指数関数**といい，

$$e^z, \ \exp z \tag{1.31}$$

と表す．

定理 1.20　指数関数 e^z は次の性質をもつ：
1) $e^{z+w} = e^z \cdot e^w$
2) y を実数とするとき，$e^{iy} = \cos y + i \sin y$.
3) 指数関数は周期 $2\pi i$ の周期関数である．

証明　1) 定理 1.10 より，

$$e^z \cdot e^w = \left(\sum_{n=0}^{\infty} \frac{z^n}{n!}\right) \cdot \left(\sum_{n=0}^{\infty} \frac{w_n}{n!}\right) = \sum_{n=0}^{\infty} \sum_{k=0}^{n} \frac{z^k}{k!} \cdot \frac{w^{n-k}}{(n-k)!}$$

$$= \sum_{n=0}^{\infty} \frac{1}{n!} \sum_{k=0}^{n} \frac{n!}{k!(n-k)!} z^k \cdot w^{n-k} = \sum_{n=0}^{\infty} \frac{1}{n!} (z+w)^n$$

$$= e^{z+w}.$$

2) 非負整数 $n = 0, 1, 2, \cdots$ に対して，

$$i^n = \begin{cases} (-1)^k & (n = 2k) \\ (-1)^k i & (n = 2k+1) \end{cases} \quad (k = 0, 1, 2, \cdots) \tag{1.32}$$

である．また，微分積分学で学習したように，

$$\cos x = \sum_{n=0}^{\infty} \frac{(-1)^n}{(2n)!} x^{2n}, \quad \sin x = \sum_{n=0}^{\infty} \frac{(-1)^n}{(2n+1)!} x^{2n+1} \tag{1.33}$$

だから，

$$e^{iy} = \sum_{n=0}^{\infty} \frac{(iy)^n}{n!} = \sum_{n=0}^{\infty} \frac{(-1)^n y^{2n}}{(2n)!} + i \sum_{n=0}^{\infty} \frac{(-1)^n y^{2n+1}}{(2n+1)!}$$

$$= \cos y + i \sin y$$

3) n を整数とするとき，

$$e^{z+2n\pi i} = e^z \cdot e^{2n\pi i} = e^z$$

である．逆に，すべての z に対して

$$e^{z+p} = e^z$$

をみたす定数 p があると仮定すると，$e^p = 1$ より，

$$p = 2n\pi i \ (n \text{ は整数})$$

を得る．∎

問題 1.4.1　$z = x + yi$ とするとき，$e^{x+yi} = e^x(\cos y + i \sin y)$ を示せ．

指数関数 $e^z = \sum_{n=0}^{\infty} \dfrac{z^n}{n!}$ において，z の代わりに iz を代入すると，

$$e^{iz} = \sum_{n=0}^{\infty} \frac{(iz)^n}{n!} = \sum_{n=0}^{\infty} \frac{(-1)^n}{(2n)!} z^{2n} + i \sum_{n=0}^{\infty} \frac{(-1)^n}{(2n+1)!} z^{2n+1} \tag{1.34}$$

また，z の代わりに $-iz$ を代入すると，

$$e^{-iz} = \sum_{n=0}^{\infty} \frac{(-1)^n}{(2n)!} z^{2n} - i \sum_{n=0}^{\infty} \frac{(-1)^n}{(2n+1)!} z^{2n+1}$$

よって，

$$\sum_{n=0}^{\infty} \frac{(-1)^n}{(2n)!} z^{2n} = \frac{e^{iz} + e^{-iz}}{2} \tag{1.35}$$

$$\sum_{n=0}^{\infty} \frac{(-1)^n}{(2n+1)!} z^{2n+1} = \frac{e^{iz} - e^{-iz}}{2i} \tag{1.36}$$

指数関数 e^z は周期 $2\pi i$ の周期関数より，上の 2 つの整級数はともに周期 2π の周期関数である．

複素三角関数 $\cos z$, $\sin z$ を

$$\cos z = \sum_{n=0}^{\infty} \frac{(-1)^n}{(2n)!} z^{2n}, \quad \sin z = \sum_{n=0}^{\infty} \frac{(-1)^n}{(2n+1)!} z^{2n+1} \tag{1.37}$$

と定めることにする．このとき，$\cos z$, $\sin z$ はともに複素平面全体で連続な関数である．また，(1.34) から (1.36) により

$$e^{iz} = \cos z + i \sin z \tag{1.38}$$

$$\cos z = \frac{e^{iz} + e^{-iz}}{2} \quad \sin z = \frac{e^{iz} - e^{-iz}}{2i} \tag{1.39}$$

と表される．

問題 1.4.2 複素三角関数は次の性質をもつことを示せ：
(1) $\cos^2 z + \sin^2 z = 1$.
(2) $\cos(-z) = \cos z$, $\sin(-z) = -\sin z$.

(3) $\begin{cases} \cos(z+w) = \cos z \cdot \cos w - \sin z \cdot \sin w \\ \sin(z+w) = \sin z \cdot \cos w + \cos z \cdot \sin w \end{cases}$

第 2 章

複素微分と正則関数

2.1 複素微分

2.1.1 複素微分

D を複素平面内の開集合とし，$f(z)$ を D 上の複素関数とする．z_0 を D の点とし，極限

$$\lim_{z \to z_0} \frac{f(z) - f(z_0)}{z - z_0} \tag{2.1}$$

が存在する (有限な確定値) とき，$f(z)$ は点 z_0 で**複素微分可能**といい，その極限値を $f'(z_0)$ と表し，点 z_0 における $f(z)$ の**複素微分係数**という．つまり，

$$f'(z) = \lim_{z \to z_0} \frac{f(z) - f(z_0)}{z - z_0} \tag{2.2}$$

また，$z = z_0 + \Delta z$ とおくと

$$f'(z_0) = \lim_{\Delta z \to 0} \frac{f(z_0 + \Delta z) - f(z_0)}{\Delta z} \tag{2.3}$$

$f(z)$ が領域 D の各点で複素微分可能のとき，$f(z)$ は D で**複素微分可能**という．この場合に，微分積分学と同様に，$f(z)$ の**導関数**を

$$f'(z), \ \frac{d}{dz}f(z), \ \frac{dw}{dz} \tag{2.4}$$

などと表す．

例題 2.1.1 次の関数の導関数を求めよ．
(1) $f(z) = c$ (c：複素定数)   (2) $f(z) = z^n$ ($n = 1, 2, \cdots$)

解 (1) $f'(z) = \lim_{\Delta z \to 0} \dfrac{f(z+\Delta z) - f(z)}{\Delta z} = \lim_{\Delta z \to 0} \dfrac{c-c}{\Delta z} = 0.$

(2) 2 項定理により，$n = 1, 2, 3, \cdots$ に対して，

$$(z+\Delta z)^n = z^n + nz^{n-1}\Delta z + \frac{n(n-1)}{2}z^{n-2}\Delta z^2 + \cdots + \Delta z^n.$$

$$\begin{aligned}f'(z) &= \lim_{\Delta z \to 0} \frac{(z+\Delta z)^n - z^n}{\Delta z} \\ &= \lim_{\Delta z \to 0}\left\{nz^{n-1} + \frac{n(n-1)}{2}z^{n-2}\Delta z + \cdots + \Delta z^{n-1}\right\} = nz^{n-1}.\end{aligned}$$ ∎

微分積分学の場合と同様に，次の結果が成り立つ．

定理 2.1 D を複素平面内の開集合とし，$f(z)$ を D 上で微分可能な複素関数とする．このとき，$f(z)$ は D 上で連続である．

証明 D の各点 z_0 で，$\lim_{z \to z_0} f(z) = f(z_0)$ を示せばよい．仮定より，$f(z)$ は微分可能だから，$f'(z_0) = \lim_{z \to z_0} \dfrac{f(z) - f(z_0)}{z - z_0}.$

$$\varepsilon(z) = \frac{f(z) - f(z_0) - (z - z_0)f'(z_0)}{z - z_0}$$

とおくと，$\lim_{z \to z_0} \varepsilon(z) = 0$ だから，

$$\lim_{z \to z_0}(f(z) - f(z_0)) = \lim_{z \to z_0}(z - z_0)(f'(z_0) + \varepsilon(z)) = 0.$$ ∎

定理 2.2 $f(z), g(z)$ を開集合 D 上の微分可能な 2 つの複素関数とする．このとき，$f(z) \pm g(z)$，$\alpha f(z)$ (α: 複素定数)，$f(z) \cdot g(z)$，$\dfrac{1}{g(z)}$ ($g(z) \neq 0$) はすべて D 上で複素微分可能で，次が成り立つ：

$$\begin{aligned}(f(z) \pm g(z))' &= f'(z) \pm g'(z), & (\alpha f(z))' &= \alpha f'(z) \\ (f(z)g(z))' &= f'(z)g(z) + f(z)g'(z), & \left(\frac{1}{g(z)}\right)' &= -\frac{g'(z)}{(g(z))^2}\end{aligned}$$

定理 2.3 (合成関数の微分法) $w = f(z)$ を微分可能な複素関数とし，$\zeta = g(w)$ も微分可能な複素関数とする．このとき，合成関数 $\zeta = (g \circ f)(z) = g(f(z))$ は

微分可能な複素関数で次が成り立つ：
$$(g \circ f)'(z) = (g(f(z)))' = g'(f(z))f'(z).$$

問題 2.1.1 次の各関数の導関数を求めよ．

(1) $z^2(z^3 - 2iz^2 + 1)$ (2) $\dfrac{2z-i}{z+2i}$ (3) $(2iz^2 - 3z + 3 - i)^3$

2.1.2 コーシー・リーマンの方程式

$f(z)$ を開集合 D 上の微分可能な複素関数とする．$z = x + yi$ とし，$f(x + yi) = u(x,y) + iv(x,y)$ とする．$z_0 = x_0 + y_0 i$ を D の点とする．$\Delta z = h + ki$ とおく．$f(z)$ は z_0 で微分可能だから，

$$f(z_0 + \Delta z) = f((x_0 + h) + (y_0 + k)i) = u(x_0 + h, y_0 + k) + iv(x_0 + h, y_0 + k)$$

$$f(z_0) = f(x_0 + y_0 i) = u(x_0, y_0) + iv(x_0, y_0)$$

$$f'(z_0) = \lim_{\Delta z \to 0} \frac{f(z_0 + \Delta z) - f(z_0)}{\Delta z}$$
$$= \lim_{h + ki \to 0} \frac{(u(x_0 + h, y_0 + k) - u(x_0 + y_0)) + i(v(x_0 + h, y_0 + k) - v(x_0, y_0))}{h + ki}$$

$h + ki \longrightarrow 0$ を $k = 0$, $h \longrightarrow 0$ とすると，

$$f'(z_0) = \lim_{h \to 0} \frac{(u(x_0 + h, y_0) - u(x_0, y_0)) + i(v(x_0 + h, y_0) - v(x_0, y_0))}{h}$$
$$= u_x(x_0, y_0) + iv_x(x_0, y_0)$$

また，$h + ki \longrightarrow 0$ を $h = 0$, $ki \longrightarrow 0$ とすると，

$$f'(z_0) = \lim_{ki \to 0} \frac{(u(x_0, y_0 + k) - u(x_0, y_0)) + i(v(x_0, y_0 + k) - v(x_0, y_0))}{ki}$$
$$= v_y(x_0, y_0) - iu_y(x_0, y_0)$$

したがって，

$$u_x(x_0, y_0) = v_y(x_0, y_0) \quad u_y(x_0, y_0) = -v_x(x_0, y_0)$$

z_0 は D 内の勝手な点でよいから，D 内の各点 $z = x + yi$ で

$$u_x(x,y) = v_y(x,y) \quad u_y(x,y) = -v_x(x,y) \tag{2.5}$$

が成り立つ．この方程式を**コーシー・リーマンの方程式**という．上のことをまとめると，次が成り立つ．

定理 2.4 D を複素平面内の開集合とし，$f(z)$ を D で微分可能な複素関数とする．$z = x + yi$，$f(x+yi) = u(x,y) + iv(x,y)$ とおく．このとき，$u(x,y)$，$v(x,y)$ は D で偏微分可能な実数値関数でしかも D でコーシー・リーマンの方程式をみたす．

実は，この定理のある意味での逆が成り立つ．

開集合 D で，実数値関数 $u(x,y)$ が偏微分可能で偏導関数 $u_x(x,y)$，$u_y(x,y)$ が連続であるとき，$u(x,y)$ は D で C^1 級の関数であるという．

定理 2.5 D を複素平面内の開集合とし，$f(z)$ を D 上の複素関数とする．$z = x + yi$，$f(x+yi) = u(x,y) + iv(x,y)$ とおくとき，$u(x,y)$，$v(x,y)$ は D で C^1 級の関数でしかも D でコーシー・リーマンの方程式をみたすとする．このとき，$f(z)$ は D で複素微分可能で，$f(z)$ の導関数は次で与えられる：

$$f'(z) = f'(x+yi) = u_x(x,y) + iv_x(x,y) \tag{2.6}$$

D を複素平面内の開集合とし，$f(z)$ を D の複素関数とする．z_0 を D 内の点とする．点 z_0 のある近傍 $U_r(z_0)$ で，$f(z)$ が複素微分可能であるとき，$f(z)$ は点 z_0 で**正則**であるという．D の各点で $f(z)$ が正則のとき，$f(z)$ は D で**正則である**または**正則関数**という．

D を複素平面上の開集合とし，$f(z) = f(x+yi) = u(x,y) + iv(x,y)$ を D で C^1 級の複素関数とする．このとき，複素関数 $f(z)$ が D で正則であることと $u(x,y)$，$v(x,y)$ が D でコーシー・リーマンの方程式をみたすということが同値であることに注意せよ．

例題 2.1.2 指数関数 $f(z) = e^z$ は複素平面全体で正則である．

解 $f(x+yi) = u(x,y) + iv(x,y) = e^x(\cos y + i\sin y)$ より,
$$u(x,y) = e^x \cos y, \quad v(x,y) = e^x \sin y. \tag{2.7}$$

$$u_x(x,y) = e^x \cos y = v_y(x,y), \quad u_y(x,y) = -e^x \sin y = -v_x(x,y)$$

だから, $f(z) = e^z$ は複素平面全体で正則関数である. したがって,
$$(e^z)' = f'(z) = u_x(x,y) + iv_x(x,y) = e^x(\cos y + i\sin y) = e^z.$$

例題 2.1.3 $f(z) = z \cdot \overline{z} = |z|^2$ は複素平面内の各点で正則でない.

解 $f(x+yi) = u(x,y) + iv(x,y) = x^2 + y^2$ より,
$$u(x,y) = x^2 + y^2, \quad v(x,y) = 0 \tag{2.8}$$

$$u_x(x,y) = 2x, \quad u_y(x,y) = 2y, \quad v_x(x,y) = v_y(x,y) = 0$$

だから, コーシー・リーマンの方程式は原点でのみしか成立しない. ゆえに, $f(z) = z \cdot \overline{z} = |z|^2$ は複素平面内の各点 z で正則でない.

問題 2.1.2 三角関数 $\cos z$ と $\sin z$ を微分せよ.

2.2 正則関数の性質 I

定理 2.6 D を複素平面内の領域とし, $f(z)$ を D で正則関数とする. D の各点 z で $f'(z) = 0$ と仮定する. このとき, $f(z)$ は D で定数関数である.

証明 $f(z) = f(x+yi) = u(x,y) + iv(x,y)$ とおくと, $f'(x+yi) = u_x(x,y) + iv_x(x,y)$ である. 仮定より, $f'(z) = 0$ だから, $u_x(x,y) = v_x(x,y) = 0$. コーシー・リーマンの方程式より, $u_y(x,y) = -v_y(x,y) = 0$. $u_x(x,y) = u_y(x,y) = 0$ より, $u(x,y)$ は定数関数である. 同様に, $v(x,y)$ も定数関数である. よって, $f(z) = f(x+yi) = u(x,y) + iv(x,y)$ は定数関数である.

例題 2.2.1 D を複素平面内の領域とし, $f(z)$ を D で正則関数とする. もし, $\operatorname{Re} f(z)$ が定数関数であるならば, $f(z)$ は D で定数関数であることを示せ.

解 $f(z) = f(x+yi) = u(x,y) + iv(x,y)$ とおく．仮定より，
$$u(x,y) = \operatorname{Re} f(z) = c \ (c：定数) \tag{2.9}$$
とおくと，
$$u_x(x,y) = 0, \quad u_y(x,y) = 0.$$
したがって，コーシー・リーマンの方程式より，
$$v_x(x,y) = -u_y(x,y) = 0, \quad v_y(x,y) = u_x(x,y) = 0.$$
よって，$f'(z) = f'(x+yi) = u_x(x,y) + iv_x(x,y) = 0$ である．ゆえに，$f(z)$ は D で定数関数である． ∎

問題 2.2.1 D を複素平面内の領域とし，$f(z)$ を D で正則関数とする．もし，$\operatorname{Im} f(z)$ が定数関数であるならば，$f(z)$ は D で定数関数であることを証明せよ．

問題 2.2.2 D を複素平面内の領域とし，$f(z)$ を D 上の正則関数とする．もし，$|f(z)|$ が定数関数であるならば，$f(z)$ は D 上で定数関数であることを証明せよ．

整級数について，項別微分に関する次の定理がある．

定理 2.7 整級数 $\sum_{n=0}^{\infty} a_n(z-z_0)^n$ の収束半径を $R > 0$ とする．このとき，整級数 $\sum_{n=1}^{\infty} na_n(z-z_0)^{n-1}$ の収束半径は R であり，次が成り立つ：
$$\left(\sum_{n=0}^{\infty} a_n(z-z_0)^n \right)' = \sum_{n=1}^{\infty} na_n(z-z_0)^{n-1} \tag{2.10}$$

この定理より，「整級数は正則関数である」ことがいえる．後に，この逆である「正則関数は整級数に展開できる」ことを述べる．

例題 2.2.2 項別微分を用いて，三角関数 $f(z) = \sin z$ の導関数を求めよ．

解 $f(z) = \sin z = \displaystyle\sum_{n=0}^{\infty} \frac{(-1)^n}{(2n+1)!} z^{2n+1}$ より，

$$f'(z) = (\sin z)' = \left(\sum_{n=0}^{\infty} \frac{(-1)^n}{(2n+1)!} z^{2n+1} \right)'$$

$$= \sum_{n=0}^{\infty} \left(\frac{(-1)^n}{(2n+1)!} z^{2n+1} \right)' = \sum_{n=0}^{\infty} \frac{(-1)^n}{(2n)!} z^{2n}$$

$$= \cos z$$

問題 2.2.3 次の各関数は正則であるか否かを調べよ．もし，正則ならば，その導関数を求めよ．

(1) $w = x^2 - 2x - y + 2(x-1)yi$

(2) $w = x^2 - y^2 + x + (2xy + y + 1)i$

(3) $w = \dfrac{x+y}{x^2+y^2} + \dfrac{x-y}{x^2+y^2} i$

問題 2.2.4 $v(x,y) = 3x^2 y - y^3$ を虚部にもつ正則関数を 1 つ求めよ．

2.3 逆関数

A, G を複素平面内の 2 つの集合とし，$w = f(z)$ を集合 A から集合 G への複素関数（または写像）とする．A 内の異なる 2 点 z_1, z_2 に対して，常に $f(z_1) \neq f(z_2)$ が成り立つとき，$w = f(z)$ は集合 A から集合 G への**単射**という．また，$w = f(z)$ の値域 $f(A)$ が集合 G に一致するとき，つまり，$f(A) = G$ が成り立つとき，$w = f(z)$ は集合 A から集合 G への**全射**という．

微分積分学で学習したように，複素関数でも逆関数の存在定理がある．

定理 2.8　D を複素平面内の領域とし，$w = f(z)$ を D で $f'(z) \neq 0$ なる正則関数とする．さらに，写像として，$w = f(z)$ は D から $f(D)$ への全射かつ単射とする．このとき，領域 $f(D)$ の複素関数 $z = g(w)$ が唯一つ存在し，次の各条件をみたす：

1) $g(f(z)) = z$ 　($z \in D$).
2) $f(g(w)) = w$ 　($w \in f(D)$).
3) $g(w)$ は $f(D)$ で正則関数で

$$\frac{dz}{dw} = \frac{d}{dw}g(w) = \frac{1}{f'(z)} = \frac{1}{\dfrac{dw}{dz}} \quad (w = f(z)). \tag{2.11}$$

この $g(w)$ を $w = f(z)$ の **逆関数** といい，$f^{-1}(w)$ と表す．

例題 2.3.1　a, b, c, d を複素定数とし，$ad - bc \neq 0$ のとき，関数

$$w = T(z) = \frac{az + b}{cz + d} \tag{2.12}$$

を **1 次変換** または **メビウス変換** という．このとき，T の逆関数はまた 1 次変換である．

解　$c = 0$ のとき，T は $\mathbb{C}$ から $\mathbb{C}$ への全射かつ単射である．$ad \neq 0$ より，$z = T^{-1}(w) = \dfrac{d}{a}w - \dfrac{b}{a}$ である．
$c \neq 0$ のとき，$D = \left\{ z \in \mathbb{C} \,\middle|\, z \neq -\dfrac{d}{c} \right\}$，$\Omega = \left\{ w \in \mathbb{C} \,\middle|\, w \neq -\dfrac{a}{c} \right\}$ とおくと，T は D から Ω への全射かつ単射である．$S(w) = \dfrac{-dw + b}{cw - a}$ とおくと，$S(T(z)) = z$，$T(S(w)) = w$ をみたす．よって，

$$T^{-1}(w) = S(w) = \frac{-dw + b}{cw - a} \tag{2.13}$$

である．$(-d)(-a) - bc \neq 0$ だから，T の逆変換 T^{-1} も 1 次変換である．∎

問題 2.3.1　$T_1(z)$, $T_2(z)$ が 1 次変換のとき，それらの合成関数 $(T_1 \circ T_2)(z) = T_1(T_2(z))$ もまた 1 次変換であることを示せ．

例題 2.3.2 複素関数 $w = z^2$ の逆関数を求めよ．

解 $f(z) = z^2$ とする．$f(z)$ は領域
$$D_1 = \{\, z \in \mathbb{C} \mid 0 < \arg z < \pi \,\}$$
上で $f'(z) = 2z \neq 0$ なる正則関数である．また，$f(z)$ は D_1 から領域
$$\Omega = \mathbb{C} \setminus \{\, w = u + vi \in \mathbb{C} \mid u \geqq 0,\ v = 0 \,\}$$
への全射かつ単射である．したがって，$f(z) = z^2$ の逆関数 $g_1(w)$ が存在して，
$$(g_1(w))' = \frac{1}{2z}. \tag{2.14}$$
同様に，$f(z)$ は領域
$$D_2 = \{\, z \in \mathbb{C} \mid \pi < \arg z < 2\pi \,\}$$
上で $f'(z) = 2z \neq 0$ なる正則関数であり，しかも，$f(z)$ は D_2 から領域 Ω への全射かつ単射である．よって，$f(z) = z^2$ の逆関数 $g_2(w)$ が存在して，
$$(g_2(w))' = \frac{1}{2z}. \tag{2.15}$$
このとき，$g_1(w)$ と $g_2(w)$ との間の関係は
$$g_2(w) = -g_1(w). \tag{2.16}$$

この 2 つの複素関数 $g_1(w)$ と $g_2(w)$ を $z = \sqrt{w}$ の**一価分枝**という．

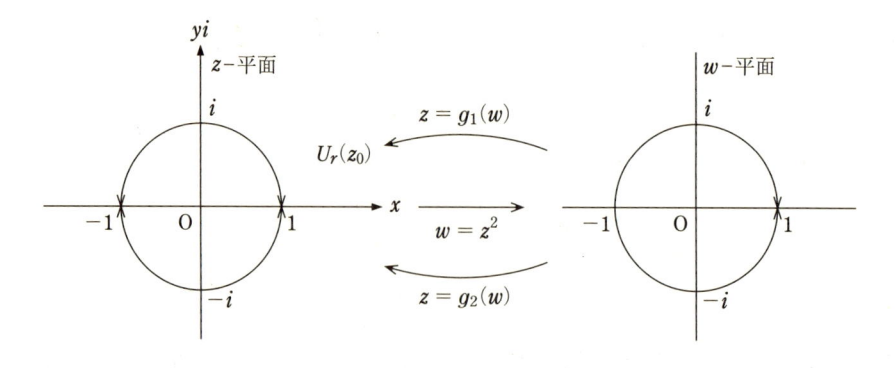

図 2.1

例題 2.3.3 指数関数 $w = e^z$ の逆関数を求めよ．

解 $w = f(z) = e^z$ とし，n を整数とする．$f(z)$ は帯状領域

$$D_n = \{\, z = x + yi \mid (2n-1)\pi < y < (2n+1)\pi \,\}$$

上で $f'(z) = e^z \neq 0$ なる正則関数である．また，$f(z)$ は D_n から領域

$$\Omega = \mathbb{C} \setminus \{\, w = u + vi \in \mathbb{C} \mid u \leqq 0,\ v = 0 \,\}$$

への全射かつ単射である．したがって，$f(z) = e^z$ の逆関数 $g_n(w)$ が存在して，

$$(g_n(w))' = \frac{1}{e^z}. \tag{2.17}$$

相異なる 2 つの整数 m, n に対して，$g_m(w)$ と $g_n(w)$ との間には

$$g_n(w) = g_m(w) + 2(n-m)\pi i \tag{2.18}$$

の関係がある．この複素関数 $g_n(w)$ を対数関数 $z = \log w$ の **一価分枝** という．特に，$g_0(w)$ を対数関数の **主枝** といい

$$z = \operatorname{Log} w = \log|w| + i \arg w \quad (\,-\pi < \arg w < \pi\,) \tag{2.19}$$

と表す．

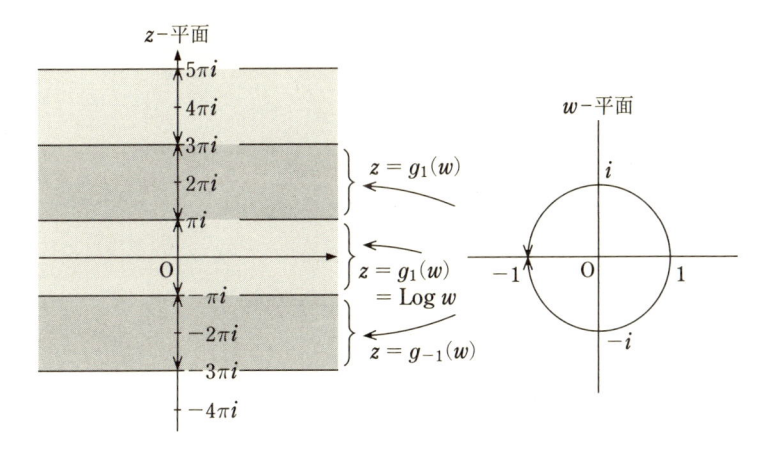

図 **2.2**

第3章

複素積分とコーシーの定理

3.1 曲線と複素積分

3.1.1 曲線

$x(t)$ $y(t)$ を有界な閉区間 $[a, b]$ 上の C^1 級 ($x(t)$, $y(t)$ は微分可能で，それらの導関数 $x'(t)$, $y'(t)$ が連続な実数値関数) とするとき，閉区間 $[a, b]$ から複素平面への写像

$$t \longmapsto z(t) = x(t) + iy(t)$$

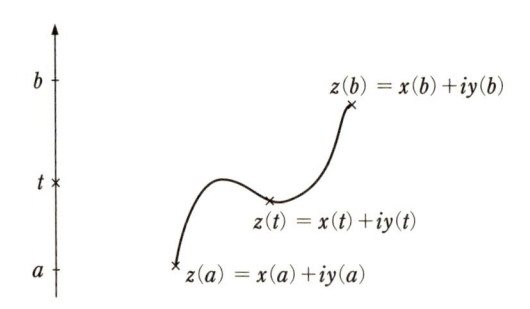

図 3.1

を $[a, b]$ 上の C^1 級の曲線または滑らかな曲線といい，$C : z(t) = x(t) + iy(t)$ ($a \leqq t \leqq b$)，$C : z = x(t) + iy(t)$ ($a \leqq t \leqq b$) または単に C などと表す．また，像 $\{z(t) \mid z(t) = x(t) + iy(t),\ a \leqq t \leqq b\}$ も曲線と呼ぶことにする．C^1 級の曲線を有限個つないでできる曲線を区分的に C^1 級の曲線または区分的に滑らかな曲線という．今後，曲線といえば区分的に C^1 級の曲線とする．

曲線 $C : z(t) = x(t) + iy(t)$ $(t \in [a, b])$ において，点 $z(a) = x(a) + iy(a)$ を曲線 C の**始点**といい，点 $z(b) = x(b) + iy(b)$ を曲線 C の**終点**という．

始点と終点が一致する曲線を**閉曲線**という．

始点と終点以外では自分自身と交わらない閉曲線を**単純閉曲線**またはジョルダン閉曲線という．

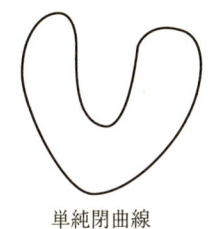

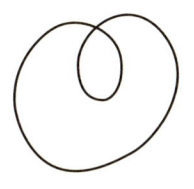

単純閉曲線　　　　　単純閉曲線でない

図 3.2

微分積分学で学習したように曲線 C の長さについて，次の定理がある．

定理 3.1　曲線 $C : z(t) = x(t) + iy(t)$ $(a \leqq t \leqq b)$ の長さ L は

$$L = \int_a^b \sqrt{(x'(t))^2 + (y'(t))^2}\, dt = \int_a^b |z'(t)|\, dt \tag{3.1}$$

である．

例題 3.1.1　次の各曲線の長さを求めよ．

(1) $C : z(t) = t + it$ $(0 \leqq t \leqq 1)$　　(2) $C : z(t) = re^{it}$ $(0 \leqq t \leqq 2\pi)$

解　(1) $z'(t) = \dfrac{dz(t)}{dt} = \dfrac{dx(t)}{dt} + i\dfrac{dy(t)}{dt} = 1 + i$ より，$|z'(t)| = \sqrt{2}$. よって，$L = \displaystyle\int_0^1 \sqrt{2}\, dt = \sqrt{2}$.

(2) $re^{it} = r(\cos t + i \sin t)$ だから，$z'(t) = ire^{it}$ より，$|z'(t)| = r$. よって，$L = \displaystyle\int_0^1 r\, dt = 2\pi r$.

第3章 複素積分とコーシーの定理

問題 3.1.1 次の各曲線の長さを求めよ．

(1) $C : z(t) = t^2 + it$ $(0 \leqq t \leqq 1)$

(2) $C : z(t) = \dfrac{1}{3}t^3 + it^2$ $(0 \leqq t \leqq 1)$

3.1.2 複素積分

曲線 $C : z(t) = x(t) + iy(t)$ ($a \leqq t \leqq b$) に対し，$f(z) = f(x+yi) = u(x,y) + iv(x,y)$ は C 上の連続関数とする．関数 $u(x(t), y(t))x'(t) - v(x(t), y(t))y'(t)$, $v(x(t), y(t))x'(t) + u(x(t), y(t))y'(t)$ は $[a,b]$ 上の連続関数である．よって，積分

$$\int_a^b \{u(x(t), y(t))x'(t) - v(x(t), y(t))y'(t)\}\, dt \tag{3.2}$$

$$\int_a^b \{v(x(t), y(t))x'(t) + u(x(t), y(t))y'(t)\}\, dt \tag{3.3}$$

は存在する．そこで，積分

$$\int_a^b \{u(x(t), y(t))x'(t) - v(x(t), y(t))y'(t)\}\, dt$$
$$+ i \int_a^b \{v(x(t), y(t))x'(t) + u(x(t), y(t))y'(t)\}\, dt \tag{3.4}$$

を曲線 C 上の**複素積分**といい，$\displaystyle\int_C f(z)\, dz$ と表す．

上の積分は

$$\int_a^b (u(x(t), y(t)) + iv(x(t), y(t))) \cdot (x'(t) + iy'(t))\, dt = \int_a^b f(z(t))\frac{dz(t)}{dt}\, dt$$

と表される．したがって，

$$\begin{aligned}\int_C f(z)\, dz &= \int_a^b f(z(t))\frac{dz(t)}{dt}\, dt \\ &= \int_a^b (u(x(t), y(t)) + iv(x(t), y(t))) \cdot (x'(t) + iy'(t))\, dt\end{aligned} \tag{3.5}$$

上の (3.4) において, 積分 $\int_a^b u(x(t),y(t))x'(t)\,dt$, $\int_a^b v(x(t),y(t))y'(t)\,dt$, $\int_a^b v(x(t),y(t))x'(t)\,dt$, $\int_a^b u(x(t),y(t))y'(t)\,dt$ をそれぞれ, 積分 $\int_C u\,dx$, $\int_C v\,dy$, $\int_C v\,dx$, $\int_C u\,dy$ と表すことがある. このとき,

$$\int_C f(z)\,dz = \int_C (u\,dx - v\,dy) + i\int_C (v\,dx + u\,dy) \tag{3.6}$$

と表せる.

複素積分に関して, 微分積分学の場合と同様な公式が成り立つ.

定理 3.2
1) α, β を複素数とするとき,

$$\int_C (\alpha f(z) + \beta g(z))\,dz = \alpha \int_C f(z)\,dz + \beta \int_C g(z)\,dz.$$

2) 曲線 C_1 の終点が曲線 C_2 の始点となるとき, つまり, 曲線 C_1 と曲線 C_2 をつないだ曲線を $C_1 + C_2$ と表す. このとき,

$$\int_{C_1+C_2} f(z)\,dz = \int_{C_1} f(z)\,dz + \int_{C_2} f(z)\,dz.$$

3) 曲線 C を逆に進む曲線を $-C$ と表すとき,

$$\int_{-C} f(z)\,dz = -\int_C f(z)\,dz.$$

4) 曲線 C 上で, $|f(z)| \leqq M$ とし, L を曲線 C の長さとするとき,

$$\left|\int_C f(z)\,dz\right| \leqq M \cdot L$$

例題 3.1.2 曲線 C を $z = t + it^2$ $(0 \leqq t \leqq 1)$ とするとき, 積分 $\int_C (z+2)\,dz$ を求めよ.

解 $z = z(t)$ とおくと, $z'(t) = 1 + 2it$ より,

$$\int_C (z+2)\,dz = \int_0^1 (t + it^2 + 2)(1 + 2it)\,dt$$

$$= \int_0^1 \{t + 2 - 2t^3 + (4t + 3t^2)i\}\, dt$$

$$= \left[\frac{t^2}{2} + 2t - \frac{t^4}{2} + (2t^2 + t^3)i\right]_0^1$$

$$= 2 + 3i$$

問題 3.1.2 曲線 C を $z = t + it^3$ ($0 \leqq t \leqq 1$) とするとき, 積分 $\displaystyle\int_C (z+3)\, dz$ を求めよ.

問題 3.1.3 曲線 C を $z = e^{it}$ ($0 \leqq t \leqq \dfrac{\pi}{2}$) とするとき, 積分 $\displaystyle\int_C (z+1)\, dz$ を求めよ.

例題 3.1.3 次の各曲線について, 積分 $\displaystyle\int_C \frac{dz}{z}$ を求めよ.

(1) $C : z = e^{it}$ ($0 \leqq t \leqq \pi$) \qquad (2) $C : z = e^{it}$ ($\pi \leqq t \leqq 2\pi$)

(3) $C : z = e^{it}$ ($0 \leqq t \leqq 2\pi$)

解 (1) $z' = ie^{it}$ だから,

$$\int_C \frac{dz}{z} = \int_0^\pi \frac{ie^{it}}{e^{it}}\, dt = \int_0^\pi i\, dt = \pi i.$$

(2) $\displaystyle\int_C \frac{dz}{z} = \int_\pi^{2\pi} \frac{ie^{it}}{e^{it}}\, dt = \int_\pi^{2\pi} i\, dt = \pi i.$

(3) $\displaystyle\int_C \frac{dz}{z} = \int_0^{2\pi} \frac{ie^{it}}{e^{it}}\, dt = \int_0^{2\pi} i\, dt = 2\pi i.$

問題 3.1.4 曲線 C を $z = a + re^{it}$ ($0 \leqq t \leqq 2\pi$, $r > 0$) とするとき, 積分 $\displaystyle\int_C \frac{dz}{z - a}$ を求めよ.

3.2 コーシーの積分定理

今後，単純閉曲線を考える場合は正の向きも合わせて考えることにする．単純閉曲線 C で複素平面は 2 つの領域に分かれる．有界な領域を左側に見る方向を**正の向き**という．

単純閉曲線 C で囲まれる領域を D とするとき，閉曲線 C を領域 D の**境界**といい，∂D と表す．この場合，$C = \partial D$ である．領域 D にその境界 ∂D をつけ加えた集合を**閉領域**といい，$\overline{D}$ と表す．すなわち，$\overline{D} = D \cup \partial D = D \cup C$ である．また，領域の境界の正の向きは囲む領域を左側に見ながら進む向きである．

今後，$\overline{D}$ を含む開集合を $\overline{D}$ の**近傍**という．また，a を中心とし，r を半径とする円周を $|z - a| = r$ と表す．

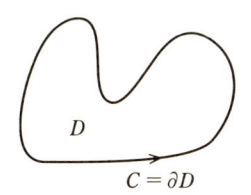

図 3.3

例題 3.2.1 次の各関数の積分 $\displaystyle\int_C f(z)\,dz$ を求めよ．

(1) $f(z) = 2z^2 - 5z - 6 \quad (C\,;\,|z-1|=1)$

(2) $f(z) = \displaystyle\sum_{k=0}^{n} a_k (z-a)^k \quad (C\,:\,|z-a|=r)$

(3) $f(z) = e^z \quad (C\,:\,|z-a|=r)$

解 (1) $f(z) = 2z^2 - 5z - 6 = 2(z-1)^2 - (z-1) - 9$ より，

$$\int_C (2z^2 - 5z - 6)\,dz = \int_C \{2(z-1)^2 - (z-1) - 9\}\,dz$$
$$= 2\int_C (z-1)^2\,dz - \int_C (z-1)\,dz - 9\int_C dz$$

$$= 2\int_0^{2\pi}(e^{it})^2\cdot ie^{it}\,dt - \int_0^{2\pi}e^{it}\cdot ie^{it}\,dt - 9\int_0^{2\pi}ie^{it}\,dt$$
$$= 0.$$

(2) $k = 0, 1, 2, \cdots, n$ に対して，$\int_C (z-a)^k\,dz = 0$ より，
$$\int_C \sum_{k=0}^n a_k(z-a)^k\,dz = \sum_{k=0}^n a_k \int_C (z-a)^k\,dz = 0.$$

(3) $f(z) = e^z = e^a e^{z-a} = e^a \sum_{n=0}^\infty \frac{(z-a)^n}{n!}$. $n = 0, 1, 2, \cdots$ に対して，$\int_C (z-a)^n\,dz = 0$ より，
$$\int_C f(z)\,dz = e^a \int_C \sum_{n=0}^\infty \frac{(z-a)^n}{n!}\,dz = e^a \sum_{n=0}^\infty \frac{1}{n!}\int_C (z-a)^n\,dz = 0. \ \blacksquare$$

この例において，円周を単純閉曲線に，多項式を正則関数にすると，**コーシーの積分定理**と呼ばれているよく知られた定理がある．証明は後で (§5.2) で示すので，この章以下ではこの定理を認めることとする．

定理 3.3 (コーシーの積分定理) 単純閉曲線 C で囲まれた領域を D とし，関数 $f(z)$ を $\overline{D}$ の近傍で正則とする．このとき，
$$\int_C f(z)\,dz = 0 \tag{3.7}$$
である．

定理 3.4 D を図のように 2 つの単純閉曲線 C_1 と C_2 とで囲まれた領域とし，関数 $f(z)$ を $\overline{D}$ の近傍で正則とする．このとき，

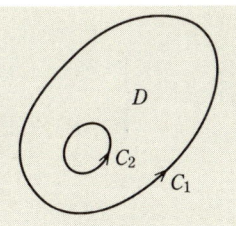

3.2 コーシーの積分定理

$$\int_{C_1} f(z)\,dz = \int_{C_2} f(z)\,dz \tag{3.8}$$

である.

注意 定理 3.4 で, 領域 D の境界は C_1 と C_2 の 2 つである.

証明 下図のように領域 D の境界 ∂D を互いに交わらない 2 つの線分 Γ_1 と Γ_2 で結ぶと, 領域 D は 2 つの部分 D_1, D_2 に分けられる. 領域 D_1, D_2 にそれぞれ, コーシーの積分定理を用いると

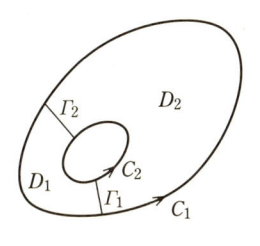

図 3.4

$$\int_{\partial D_1} f(z)\,dz = 0, \quad \int_{\partial D_2} f(z)\,dz = 0. \tag{3.9}$$

また, $\displaystyle\int_{\partial D_1} f(z)\,dz + \int_{\partial D_2} f(z)\,dz$ において, Γ_1 と Γ_2 上での積分は打ち消しあうので,

$$0 = \int_{\partial D_1} f(z)\,dz + \int_{\partial D_2} f(z)\,dz = \int_{C_1} f(z)\,dz - \int_{C_2} f(z)\,dz. \tag{3.10}$$

例題 3.2.2 n を整数とし, a を単純閉曲線 C で囲まれる領域内の点とする

とき，
$$\int_C (z-a)^n \, dz = \begin{cases} 2\pi i & (n = -1) \\ 0 & (n \neq -1) \end{cases} \tag{3.11}$$
である．

解 下の図のような曲線 C で囲まれる領域に含まれる円周
$$C_r : z(t) = a + re^{it} \quad (0 \leq t \leq 2\pi)$$
をとると，上の定理 3.4 により，

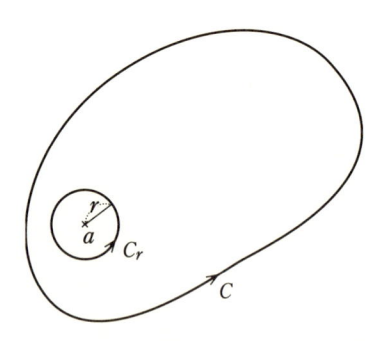

図 3.5

$$\int_C (z-a)^n \, dz = \int_{C_r} (z-a)^n \, dz$$

$n = -1$ のとき，上の問 3.1.4 より，
$$\int_C \frac{1}{z-a} \, dz = \int_{C_r} \frac{1}{z-a} \, dz = 2\pi i$$

また，$n \neq -1$ のとき，
$$\int_C (z-a)^n \, dz = \int_{C_r} (z-a)^n \, dz = \int_0^{2\pi} r^n e^{int} \cdot ire^{it} \, dt$$
$$= ir^{n+1} \int_0^{2\pi} e^{i(n+1)t} \, dt$$
$$= ir^{n+1} \int_0^{2\pi} \{\cos(n+1)t + i\sin(n+1)t\} \, dt$$

$$= ir^{n+1}\left[\frac{\sin(n+1)t - i\cos(n+1)t}{n+1}\right]_0^{2\pi} = 0. \quad \blacksquare$$

例題 3.2.3 円周 $C: z = 2e^{i\theta}$ $(0 \leqq \theta \leqq 2\pi)$ とする．次の関数 $f(z)$ に対して，積分 $\int_C f(z)\,dz$ を求めよ．

(1) $f(z) = \dfrac{3}{z(z+3)}$ \qquad (2) $f(z) = \dfrac{2}{z^2-1}$

解 (1) $f(z) = \dfrac{3}{z(z+3)} = \dfrac{1}{z} - \dfrac{1}{z+3}$ である．閉曲線 C で囲まれる閉領域の近傍で，関数 $\dfrac{1}{z+3}$ は正則だから，

$$\int_C \frac{1}{z+3}\,dz = 0.$$

よって，

$$\int_C f(z)\,dz = \int_C \frac{3}{z(z+3)}\,dz \quad = \int_C \left(\frac{1}{z} - \frac{1}{z+3}\right)dz$$
$$= \int_C \frac{1}{z}\,dz - \int_C \frac{1}{z+3}\,dz = 2\pi i.$$

(2) $f(z) = \dfrac{2}{z^2-1} = \dfrac{1}{z-1} - \dfrac{1}{z+1}$ であるから，

$$\int_C f(z)\,dz = \int_C \frac{2}{z^2-1}\,dz = \int_C \frac{dz}{z-1} - \int_C \frac{dz}{z+1} = 2\pi i - 2\pi i = 0. \quad \blacksquare$$

今後，曲線 $C: z(t) = a + re^{it}$ $(0 \leqq t \leqq 2\pi)$ を単に，曲線 $C: |z-a| = r$ と表す．また，積分 $\displaystyle\int_C f(z)\,dz$ を $\displaystyle\int_{|z-a|=r} f(z)\,dz$ と表す．

問題 3.2.1 円周 $C: z = 3e^{i\theta}$ $(0 \leqq \theta \leqq 2\pi)$ とする．次の各関数 $f(z)$ に対

して，積分 $\int_C f(z)\,dz$ を求めよ．

(1) $f(z) = \dfrac{2}{z(z+4)}$ 　　　　　(2) $f(z) = \dfrac{1}{z^2-4}$

(3) $f(z) = \dfrac{z^2}{(z^2-1)(z^2+16)}$

問題 3.2.2 円周 $C : z = i + 3e^{i\theta}$ $(0 \leqq \theta \leqq 2\pi)$ とする．次の各関数 $f(z)$ に対して，積分 $\int_C f(z)\,dz$ を求めよ．

(1) $f(z) = \dfrac{1}{z^2+1}$ 　　(2) $f(z) = \dfrac{2}{z(z+1)}$ 　　(3) $f(z) = \dfrac{z^2-2z-4}{z^3-2z^2-3z}$

3.3 コーシーの積分公式

次の定理はコーシーの積分公式と呼ばれているよく知られた定理である．

定理 3.5 単純閉曲線 C で囲まれる領域を D とし，関数 $f(z)$ を $\overline{D}$ の近傍で正則とする．このとき，D 内の各点 z に対して，

$$f(z) = \frac{1}{2\pi i} \int_C \frac{f(\zeta)}{\zeta - z}\,d\zeta \tag{3.12}$$

が成り立つ．

証明 D 内に任意の点 a をとり，円周 $C_r : z(t) = a + re^{it} (0 \leqq t \leqq 2\pi)$ を領域 D 内にとる．2 つの閉曲線 C と C_r とで囲まれた集合とその境界を含めた集合の近傍で，関数 $\dfrac{f(z)}{z-a}$ は正則だから，コーシーの積分定理により，

$$\int_C \frac{f(z)}{z-a}\,dz = \int_{C_r} \frac{f(z)}{z-a}\,dz.$$

$$\int_{C_r} \frac{f(z)}{z-a}\,dz = \int_{C_r} \frac{f(a)}{z-a}\,dz + \int_{C_r} \frac{f(z)-f(a)}{z-a}\,dz$$

$$= 2\pi i f(a) + \int_{C_r} \frac{f(z)-f(a)}{z-a}\,dz.$$

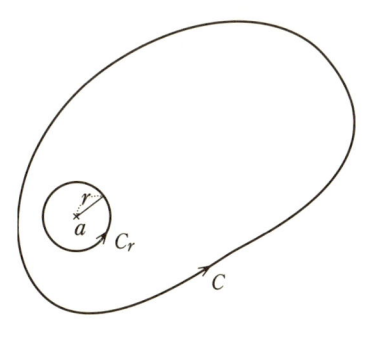

図 3.6

$dz = \dfrac{dz(t)}{dt}dt = ire^{it}dt$ で，また，$f(z)$ は点 a で連続だから，

$$\lim_{r \to 0} \int_{C_r} \frac{f(z) - f(a)}{z - a}\, dz = \lim_{r \to 0} i \int_0^{2\pi} \{f(a + re^{it}) - f(a)\}\, dt = 0.$$

よって，$r \longrightarrow 0$ のとき，

$$\int_C \frac{f(z)}{z - a}\, dz = \lim_{r \to 0} \int_{C_r} \frac{f(z)}{z - a}\, dz = 2\pi i f(a).$$

例題 3.3.1 次の積分を求めよ．

(1) $\displaystyle \int_{|z-1|=1} \frac{e^z}{z - 1}\, dz$ 　　　　(2) $\displaystyle \int_{|z|=1} \frac{\cos z}{z(z - 2)}\, dz$

解 (1) $\displaystyle \int_{|z-1|=1} \frac{e^z}{z - 1}\, dz = 2\pi i \cdot \frac{1}{2\pi i} \int_{|z-1|=1} \frac{e^z}{z - 1}\, dz = 2\pi i e^1 = 2e\pi i.$

(2) $\displaystyle \int_{|z|=1} \frac{\cos z}{z(z - 2)}\, dz = 2\pi i \cdot \frac{1}{2\pi i} \int_{|z|=1} \frac{\dfrac{\cos z}{z - 2}}{z}\, dz = 2\pi i \cdot \frac{\cos 0}{0 - 2} = -\pi i.$

問題 3.3.1 次の積分を求めよ．

(1) $\displaystyle \int_{|z-i|=1} \frac{\cos z}{z - i}\, dz$ 　　(2) $\displaystyle \int_{|z|=2} \frac{dz}{z(z + 3)}$ 　　(3) $\displaystyle \int_{|z|=1} \frac{dz}{z(z^2 + 2)}$

定理 3.6 D を図のように 2 つの単純閉曲線 C_1 と C_2 とで囲まれた領域とし，関数 $f(z)$ は $\overline{D}$ の近傍で正則とする．このとき，D 内の各点 z に対して，

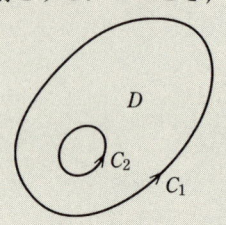

$$f(z) = \frac{1}{2\pi i}\int_{C_1}\frac{f(\zeta)}{\zeta-z}\,d\zeta - \frac{1}{2\pi i}\int_{C_2}\frac{f(\zeta)}{\zeta-z}\,d\zeta \tag{3.13}$$

である．

例題 3.3.2 次の積分を求めよ．

(1) $\displaystyle\int_{|z|=2}\frac{dz}{z(z+1)}$ (2) $\displaystyle\int_{|z-1|=2}\frac{8e^z}{z^3-4z}\,dz$

解 (1) $\dfrac{1}{z(z+1)} = \dfrac{1}{z} - \dfrac{1}{z+1}$ より，

$$\int_{|z|=2}\frac{dz}{z(z+1)} = 2\pi i \cdot \frac{1}{2\pi i}\int_{|z|=2}\left(\frac{1}{z}-\frac{1}{z+1}\right)dz$$

$$= 2\pi i \cdot \left(\frac{1}{2\pi i}\int_{|z|=2}\frac{dz}{z} - \frac{1}{2\pi i}\int_{|z|=2}\frac{dz}{z+1}\right)$$

$$= 2\pi i \cdot (1-1) = 0.$$

(2) $\dfrac{8}{z^3-4z} = \dfrac{1}{z+2} + \dfrac{1}{z-2} - \dfrac{2}{z}$ より，

$$\int_{|z-1|=2}\frac{8e^z}{z^3-z}\,dz$$

$$= \int_{|z-1|=2}\frac{e^z}{z+2}\,dz + \int_{|z-1|=2}\frac{e^z}{z-2}\,dz - \int_{|z-1|=2}\frac{e^z}{z}\,dz$$

$$= 2\pi i \cdot 0 + 2\pi i \cdot e^2 - 2\pi i \cdot 2 = 2(e^2-2)\pi i.$$

問題 3.3.2 次の積分を求めよ．

(1) $\displaystyle\int_{|z|=2} \frac{dz}{z^3 - z}$ 　(2) $\displaystyle\int_{|z+1|=2} \frac{dz}{z^3 - z^2 - 2z}$ 　(3) $\displaystyle\int_{|z|=2} \frac{e^z}{z^3 + z}\,dz$

3.4 正則関数の性質 II

3.4.1 リュービルの定理

定理 3.7 単純閉曲線 C で囲まれた領域を D とし，関数 $f(z)$ を $\overline{D}$ の近傍で正則とする．このとき，$f(z)$ は D 内の各点で何回でも微分可能であって，自然数 $n = 1, 2, 3, \cdots$ に対して，

$$f^{(n)}(z) = \frac{n!}{2\pi i} \int_C \frac{f(\zeta)}{(\zeta - z)^{n+1}}\,d\zeta \quad (z \in D) \tag{3.14}$$

が成り立つ．

証明 式 (3.8) を用いて，$n = 1$ の場合を証明する．a を D 内の点とすし，点 a で式 (3.10) が成り立つことを示す．$|\Delta z|$ を十分小にとり，$a + \Delta z \in D$ とする．

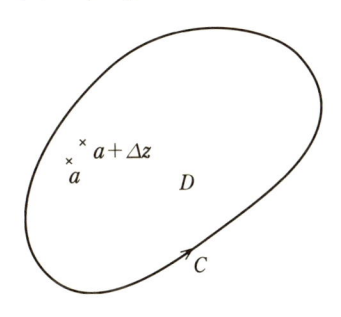

図 3.7

$$\frac{f(a + \Delta z) - f(a)}{\Delta z}$$
$$= \frac{1}{\Delta z}\left(\frac{1}{2\pi i}\int_C \frac{f(z)}{z - (a + \Delta z)}\,dz - \frac{1}{2\pi i}\int_C \frac{f(z)}{z - a}\,dz\right)$$
$$= \frac{1}{2\pi i}\int_C \frac{f(z)}{(z - a)(z - a - \Delta z)}\,dz.$$

ここで，$\Delta z \to 0$ とすると

$$f'(a) = \lim_{\Delta z \to 0}\frac{f(a + \Delta z) - f(a)}{\Delta z} = \frac{1}{2\pi i}\int_C \frac{f(z)}{(z - a)^2}\,dz. \tag{3.15}$$

ここで，a, z をそれぞれ z, ζ で置き換えると，$n=1$ の場合は示された．後は数学的帰納法で証明は完成する．

次の定理は**コーシーの評価式**と呼ばれている．

定理 3.8 円周 $C: |z-a| = R$ $(R>0)$ で囲まれる領域を D とし，関数 $f(z)$ を $\overline{D}$ の近傍で正則とする．曲線 C 上での $|f(z)|$ の最大値を M とする．このとき，正の整数 $n = 1, 2, 3, \cdots$ に対して，

$$|f^{(n)}(a)| \leq \frac{n!\,M}{R^n} \tag{3.16}$$

である．

証明 $f^{(0)}(z) = f(z)$ であるので，前定理により，各 $n = 0, 1, 2, \cdots$ に対して，

$$\begin{aligned}
|f^{(n)}(a)| &= \left| \frac{n!}{2\pi i} \int_C \frac{f(z)}{(z-a)^{n+1}} dz \right| \\
&\leq \frac{n!}{2\pi} \left| \int_0^{2\pi} \frac{f(a+Re^{i\theta})}{R^{n+1}e^{i(n+1)\theta}} iRe^{i\theta} d\theta \right| \\
&\leq \frac{n!}{2\pi} \int_0^{2\pi} \frac{M}{R^n} d\theta = \frac{n!\,M}{R^n}
\end{aligned}$$

複素平面全体で正則な関数を**整関数**という．z の多項式，指数関数 e^z や三角関数 $\cos z$, $\sin z$ などは整関数である．

次の定理は**リュービルの定理**と呼ばれている．

定理 3.9 有界な整関数は定数関数に限る．

証明 $f(z)$ を有界な整関数とする．複素平面内の各点 a で，$f'(a) = 0$ を示せばよい．$f(z)$ は有界だから，

$$|f(z)| \leq M \quad (z \in \mathbb{C}) \tag{3.17}$$

をみたす正数 M がとれる．

a を任意の複素数とする．正数 R をとり，円周 $C_R : |z-a| = R$ を考えると，コーシーの評価式より，

$$|f'(a)| \leq \frac{M}{R}$$

ここで，$R \longrightarrow \infty$ とすると，
$$\lim_{R \to \infty} |f'(a)| = 0.$$
よって，複素平面内の各点 a で，$f'(a) = 0$ が成り立つ．

この定理から，次の**代数学の基本定理**と呼ばれている定理が証明できる．

定理 3.10 n 次方程式
$$a_0 z^n + a_1 z^{n-1} + \cdots + a_{n-1} z + a_n = 0 \tag{3.18}$$
$$a_0 \neq 0, \quad a_j \in \mathbb{C} \ (j = 0, 1, 2, \cdots, n)$$
は複素平面内に必ず解をもつ．

証明 背理法で証明する．$f(z) = a_0 z^n + a_1 z^{n-1} + \cdots + a_{n-1} z + a_n$ とおく．$f(z)$ が複素平面内に解をもたないと仮定する．このとき，関数 $g(z) = \dfrac{1}{f(z)}$ は有界な整関数である．リュービルの定理により，$g(z)$ は定数関数となり，したがって，$f(z)$ も定数関数となる．しかし，これは $f(z)$ は定数関数でないので，矛盾である．

3.4.2 テイラー級数展開

D を領域とし，関数 $f(z)$ は D で正則とする．D 内に点 a をとると，$U_r(a) \subset D$ をみたす点 a の r-近傍 $U_r(a) = \{z \mid |z - a| < r\}$ がある．$U_r(a)$ 内の点 z にコーシーの積分公式を用いると，
$$f(z) = \frac{1}{2\pi i} \int_{|\zeta - a| = r} \frac{f(\zeta)}{\zeta - z} \, d\zeta. \tag{3.19}$$

$\dfrac{|z - a|}{|\zeta - a|} < 1$ だから，

$$\frac{1}{\zeta - z} = \frac{1}{(\zeta - a) - (z - a)} = \frac{1}{\zeta - a} \frac{1}{1 - \dfrac{z - a}{\zeta - a}} = \frac{1}{\zeta - a} \sum_{n=0}^{\infty} \left(\frac{z - a}{\zeta - a} \right)^n.$$

よって，項別積分をして

$$f(z) = \frac{1}{2\pi i} \int_{|\zeta - a| = r} \frac{f(\zeta)}{\zeta - z} \, d\zeta$$

$$= \frac{1}{2\pi i} \int_{|\zeta-a|=r} f(\zeta) \sum_{n=0}^{\infty} \frac{(z-a)^n}{(\zeta-a)^{n+1}} \, d\zeta$$

$$= \sum_{n=0}^{\infty} \left(\frac{1}{2\pi i} \int_{|\zeta-a|=r} \frac{f(\zeta)}{(\zeta-a)^{n+1}} \, d\zeta \right) (z-a)^n \quad (3.20)$$

$$a_n = \frac{1}{2\pi i} \int_{|\zeta-a|=r} \frac{f(\zeta)}{(\zeta-a)^{n+1}} \, d\zeta \quad (3.21)$$

とおくと，次の定理を得る．

定理 3.11 関数 $f(z)$ は D で正則とする．このとき，D 内の任意の点 a に対して，a の近傍 $U_r(a) \subset D$ がとれて，$f(z)$ は $U_r(a)$ において，次の整級数に一意的に表される：

$$f(z) = \sum_{n=0}^{\infty} a_n (z-a)^n \quad (3.22)$$

$$a_n = \frac{f^{(n)}(a)}{n!} = \frac{1}{2\pi i} \int_{|\zeta-a|=\rho} \frac{f(\zeta)}{(\zeta-a)^{n+1}} \, d\zeta \quad (n=0,1,2,\cdots) \quad (3.23)$$

$$(0 < \rho < r)$$

この整級数 (3.22) を $f(z)$ の点 a を中心とする**テイラー級数展開**という．

例題 3.4.1 関数 $f(z) = \dfrac{1}{1-z}$ に対して，次の各点を中心とするテイラー級数展開を求めよ．

(1) $z = 0$ (2) $z = -1$ (3) $z = 1+i$

解 (1) $|r| < 1$ のとき，$\dfrac{1}{1-r} = 1 + r + r^2 + \cdots + r^{n-1} + \cdots$ だから，

$$f(z) = \frac{1}{1-z} = \frac{1}{1-(z-0)} = \sum_{n=0}^{\infty}(z-0)^n = \sum_{n=0}^{\infty} z^n \quad (|z-0|<1).$$

(2) $\quad f(z) = \dfrac{1}{1-z} = \dfrac{1}{2-(z-(-1))} = \dfrac{1}{2} \cdot \dfrac{1}{1 - \dfrac{z-(-1)}{2}}$

$$= \frac{1}{2} \sum_{n=0}^{\infty} \left(\frac{z-(-1)}{2} \right)^n$$

よって，$f(z) = \displaystyle\sum_{n=0}^{\infty} \frac{1}{2^{n+1}} (z+1)^n \ (|z+1| < 2)$.

(3) $f(z) = \dfrac{1}{1-z} = \dfrac{1}{-i-(z-(1+i))} = \dfrac{1}{-i} \cdot \dfrac{1}{1 - \dfrac{z-(1+i)}{-i}}$

$$= \frac{1}{-i} \sum_{n=0}^{\infty} \left(\frac{z-(1+i)}{-i} \right)^n = \sum_{n=0}^{\infty} \frac{1}{(-i)^{n+1}} (z-1-i)^n$$

よって，$f(z) = \displaystyle\sum_{n=0}^{\infty} i^{n+1} (z-1-i)^n \ (|z-1-i| < 1)$. ∎

例題 3.4.2 次の各問いに答えよ．

(1) $f(z) = e^z$ を $z=1$ を中心とするテイラー級数展開を求めよ．

(2) $f(z) = \dfrac{3}{(z+1)(z-2)}$ を $z=0$ を中心とするテイラー級数展開を求めよ．

解 (1) $e^z = \displaystyle\sum_{n=0}^{\infty} \frac{z^n}{n!}$ であるから，

$$f(z) = e^z = e \cdot e^{z-1} = e \cdot \sum_{n=0}^{\infty} \frac{(z-1)^n}{n!} = \sum_{n=0}^{\infty} \frac{e}{n!} (z-1)^n .$$

(2) $f(z) = \dfrac{3}{(z+1)(z-2)} = \dfrac{1}{z-2} - \dfrac{1}{z+1}$ である．

$$\frac{1}{z-2} = \frac{1}{-2} \frac{1}{1-\dfrac{z}{2}} = \frac{1}{-2} \sum_{n=0}^{\infty} \left(\frac{z}{2} \right)^n = -\sum_{n=0}^{\infty} \frac{1}{2^{n+1}} z^n \ (|z| < 2).$$

$$\frac{1}{z+1} = \frac{1}{1-(-z)} = \sum_{n=0}^{\infty} (-z)^n \ (|z| < 1).$$

よって，$|z| < 1$ において

$$f(z) = -\sum_{n=0}^{\infty} \frac{1}{2^{n+1}} z^n - \sum_{n=0}^{\infty} (-1)^n z^n = -\sum_{n=0}^{\infty} \left(\frac{1}{2^{n+1}} + (-1)^n \right) z^n .$$ ∎

問題 3.4.1 次の各関数に対して，括弧内の点を中心とするテイラー級数展開を求めよ．

(1) $f(z) = \dfrac{1}{z}$ ($z = 1$) 　　(2) $f(z) = \dfrac{1}{z}$ ($z = 2$)

(3) $f(z) = \dfrac{2}{z+1}$ ($z = 1$) 　　(4) $f(z) = \dfrac{1}{2z-1}$ ($z = 1$)

(5) $f(z) = \dfrac{z-2}{z+1}$ ($z = 2$) 　　(6) $f(z) = \dfrac{1}{z^2}$ ($z = 1$)

問題 3.4.2 次の各関数に対して，点 $z = \pi$ を中心とするテイラー級数展開を求めよ．

(1) $f(z) = \sin z$ 　　(2) $f(z) = \cos z$ 　　(3) $f(z) = e^z$

以下の 2 つの定理はいずれも**一致の定理**と呼ばれている．

定理 3.12 関数 $f(z)$ は領域 D で正則とする．D 内の点 a で
$$f^{(n)}(a) = 0 \quad (n = 0, 1, 2, \cdots) \tag{3.24}$$
が成り立つとする．このとき，関数 $f(z)$ は D 全体で $f(z) \equiv 0$ である．

定理 3.13 関数 $f(z)$ は領域 D で正則とする．D 内の異なる点からなる複素数列 $\{z_n\}$ は D 内の点 a に収束し，しかも
$$f(z_n) = 0 \quad (n = 1, 2, 3, \cdots) \tag{3.25}$$
が成り立つとする．このとき，関数 $f(z)$ は D 全体で $f(z) \equiv 0$ である．

次の定理は**最大絶対値の定理**と呼ばれている．

定理 3.14 関数 $f(z)$ は領域 D で正則とする．$|f(z)|$ が D 内の点 a で最大値をとるならば，関数 $f(z)$ は D 全体で定数である．

第4章

孤立特異点と留数定理

4.1 孤立特異点とローラン級数展開

a を複素数とする．領域 $\{z \in \mathbb{C} \mid 0 < |z-a| < R\}$ を簡単に，$0 < |z-a| < R$ と表す．

関数 $f(z)$ が領域 $0 < |z-a| < R$ で正則であるとき，点 a を $f(z)$ の**孤立特異点**という．

R_1, R_2 を $0 \leqq R_1 < R_2$ とし，関数 $f(z)$ は領域 $R_1 < |z-a| < R_2$ で正則とする．r_1, r_2 を $R_1 < r_1 < r_2 < R_2$ となるように任意にとる．関数 $f(z)$ は $r_1 \leqq |z-a| \leqq r_2$ で正則である．コーシーの積分公式より，$r_1 < |z-a| < r_2$ なる任意の z に対して

$$f(z) = \frac{1}{2\pi i} \int_{|\zeta-a|=r_2} \frac{f(\zeta)}{\zeta-z} d\zeta - \frac{1}{2\pi i} \int_{|\zeta-a|=r_1} \frac{f(\zeta)}{\zeta-z} d\zeta. \tag{4.1}$$

円周 $|\zeta-a|=r_2$ 上で考えると，$|z-a|<|\zeta-a|$ だから

$$\frac{1}{\zeta-z} = \frac{1}{(\zeta-a)-(z-a)} = \frac{1}{\zeta-a} \cdot \frac{1}{1-\dfrac{z-a}{\zeta-a}}$$

$$= \sum_{n=0}^{\infty} \frac{(z-a)^n}{(\zeta-a)^{n+1}}. \tag{4.2}$$

式 (4.1) の右辺の第 1 項は

$$\frac{1}{2\pi i} \int_{|\zeta-a|=r_2} \frac{f(\zeta)}{\zeta-z} d\zeta = \frac{1}{2\pi i} \int_{|\zeta-a|=r_2} f(\zeta) \sum_{n=0}^{\infty} \frac{(z-a)^n}{(\zeta-a)^{n+1}} d\zeta.$$

$$= \sum_{n=0}^{\infty} \left(\frac{1}{2\pi i} \int_{|\zeta-a|=r_2} \frac{f(\zeta)}{(\zeta-a)^{n+1}} d\zeta \right) (z-a)^n \tag{4.3}$$

次に円周 $|\zeta-a|=r_1$ 上で考えると, $\dfrac{|\zeta-a|}{|z-a|}<1$ だから,

$$\frac{1}{\zeta-z} = -\frac{1}{(z-a)-(\zeta-a)} = -\frac{1}{z-a} \cdot \frac{1}{1-\dfrac{\zeta-a}{z-a}}$$

$$= -\sum_{n=0}^{\infty} \frac{(\zeta-a)^n}{(z-a)^{n+1}}.$$

$$= -\sum_{n=1}^{\infty} \frac{(\zeta-a)^{n-1}}{(z-a)^n}. \tag{4.4}$$

よって, 式 (4.1) の右辺の第 2 項は

$$\frac{1}{2\pi i} \int_{|\zeta-a|=r_1} \frac{f(\zeta)}{\zeta-z} d\zeta$$

$$= -\sum_{n=1}^{\infty} \left(\frac{1}{2\pi i} \int_{|\zeta-a|=r_1} \frac{f(\zeta)}{(\zeta-a)^{-n+1}} d\zeta \right) \cdot \frac{1}{(z-a)^n} \tag{4.5}$$

したがって,

$$f(z) = \sum_{n=0}^{\infty} \left(\frac{1}{2\pi i} \int_{|\zeta-a|=r_2} \frac{f(\zeta)}{(\zeta-a)^{n+1}} d\zeta \right) (z-a)^n$$

$$+ \sum_{n=1}^{\infty} \left(\frac{1}{2\pi i} \int_{|\zeta-a|=r_1} \frac{f(\zeta)}{(\zeta-a)^{-n+1}} d\zeta \right) \cdot \frac{1}{(z-a)^n} \tag{4.6}$$

$$a_n = \frac{1}{2\pi i} \int_{|\zeta-a|=r_2} \frac{f(\zeta)}{(\zeta-a)^{n+1}} d\zeta \quad (n=0,1,2,\cdots) \tag{4.7}$$

$$a_{-n} = \frac{1}{2\pi i} \int_{|\zeta-a|=r_1} \frac{f(\zeta)}{(\zeta-a)^{-n+1}} \, d\zeta \quad (n = 1, 2, \cdots) \tag{4.8}$$

とおくと集合 $r_1 < |z - a| < r_2$ で

$$f(z) = \sum_{n=0}^{\infty} a_n (z-a)^n + \sum_{n=1}^{\infty} \frac{a_{-n}}{(z-a)^n}. \tag{4.9}$$

コーシーの積分公式より, 式 (4.7) と (4.8) は r_1, r_2 のとり方に無関係である. また, r_1, r_2 は任意にとってよいから, $r_1 \longrightarrow R_1, r_2 \longrightarrow R_2$ とすると, 領域 $R_1 < |z - a| < R_2$ で

$$f(z) = \sum_{n=0}^{\infty} a_n (z-a)^n + \sum_{n=1}^{\infty} \frac{a_{-n}}{(z-a)^n}. \tag{4.10}$$

$$a_n = \frac{1}{2\pi i} \int_{|\zeta-a|=r} \frac{f(\zeta)}{(\zeta-a)^{n+1}} \, d\zeta \tag{4.11}$$

$$(n = 0, \pm 1, \pm 2, \cdots, \quad R_1 < r < R_2)$$

が成り立つことがいえた. 式 (4.10) の右辺の級数を領域 $\{z \mid R_1 < |z-a| < R_2\}$ における点 a を中心とする関数 $f(z)$ の**ローラン級数展開**という. さらに, この展開は唯一通りであることが知られている. まとめると, 次の定理が成り立つ.

定理 4.1 関数 $f(z)$ を領域 $0 \leqq R_1 < |z-a| < R_2$ で正則とする. このとき, $f(z)$ は点 a を中心とするローラン級数

$$f(z) = \sum_{n=0}^{\infty} a_n (z-a)^n + \sum_{n=1}^{\infty} \frac{a_{-n}}{(z-a)^n}. \tag{4.12}$$

$$a_n = \frac{1}{2\pi i} \int_{|\zeta-a|=r} \frac{f(\zeta)}{(\zeta-a)^{n+1}} \, d\zeta \tag{4.13}$$

$$(n = 0, \pm 1, \pm 2, \cdots, \quad 0 \leqq R_1 < r < R_2)$$

に唯一通りに展開できる.

例題 4.1.1 関数 $f(z) = \dfrac{1}{(z-1)(z-2)}$ を次の各領域で, 原点を中心とするテ

イラー級数またはローラン級数に展開せよ．

(1) $|z| < 1$ 　　　　　(2) $1 < |z| < 2$ 　　　　　(3) $|z| > 2$

解 　$f(z)$ を部分分数に分解すると $f(z) = \dfrac{1}{z-2} - \dfrac{1}{z-1}$ である．

(1) $|z| < 1$ であるから，

$$\frac{1}{z-2} = -\frac{1}{2} \cdot \frac{1}{1 - \dfrac{z}{2}} = -\frac{1}{2} \sum_{n=0}^{\infty} \left(\frac{z}{2}\right)^n = -\sum_{n=0}^{\infty} \frac{z^n}{2^{n+1}}.$$

$$\frac{1}{z-1} = -\frac{1}{1-z} = -\sum_{n=0}^{\infty} z^n.$$

よって，

$$f(z) = -\sum_{n=0}^{\infty} \frac{z^n}{2^{n+1}} + \sum_{n=0}^{\infty} z^n = \sum_{n=0}^{\infty} \left(1 - \frac{1}{2^{n+1}}\right) z^n.$$

(2) $1 < |z| < 2$ であるから，$\dfrac{1}{z-2} = -\sum_{n=0}^{\infty} \dfrac{z^n}{2^{n+1}}$．また，

$$\frac{1}{z-1} = \frac{1}{z} \cdot \frac{1}{1 - \dfrac{1}{z}} = \frac{1}{z} \sum_{n=0}^{\infty} \left(\frac{1}{z}\right)^n = \sum_{n=1}^{\infty} \frac{1}{z^n}$$

よって，

$$f(z) = -\sum_{n=0}^{\infty} \frac{z^n}{2^{n+1}} - \sum_{n=1}^{\infty} \frac{1}{z^n}$$

(3) $|z| > 2$ であるから，$\dfrac{1}{z-1} = \sum_{n=1}^{\infty} \dfrac{1}{z^n}$．また，

$$\frac{1}{z-2} = \frac{1}{z} \cdot \frac{1}{1 - \dfrac{2}{z}} = \frac{1}{z} \sum_{n=0}^{\infty} \left(\frac{2}{z}\right)^n = \sum_{n=1}^{\infty} \frac{2^{n-1}}{z^n}$$

よって，

$$f(z) = \sum_{n=1}^{\infty} \frac{2^{n-1}}{z^n} - \sum_{n=1}^{\infty} \frac{1}{z^n} = \sum_{n=1}^{\infty} \frac{2^{n-1} - 1}{z^n}.$$

例題 4.1.2 次の各関数を原点を中心とするローラン級数に展開せよ.
(1) $\dfrac{\cos z}{z^3}$ 　　　　　　　　　(2) $z^2 e^{\frac{1}{z}}$

解 (1) $\cos z = \displaystyle\sum_{n=0}^{\infty} \dfrac{(-1)^n}{(2n)!} z^{2n}$ だから,

$$\dfrac{\cos z}{z^3} = \dfrac{1}{z^3} \left(\sum_{n=0}^{\infty} \dfrac{(-1)^n}{(2n)!} z^{2n} \right) = \dfrac{1}{z^3} - \dfrac{1}{2z} + \dfrac{z}{4!} - \dfrac{z^3}{6!} + \cdots$$

(2) $e^z = \displaystyle\sum_{n=0}^{\infty} \dfrac{z^n}{n!}$ だから, $e^{\frac{1}{z}} = \displaystyle\sum_{n=0}^{\infty} \dfrac{1}{n!} \cdot \dfrac{1}{z^n}$ より,

$$z^2 e^{\frac{1}{z}} = z^2 \left(\sum_{n=0}^{\infty} \dfrac{1}{n!} \cdot \dfrac{1}{z^n} \right) = z^2 + z + \dfrac{1}{2} + \dfrac{1}{3!} \cdot \dfrac{1}{z} + \dfrac{1}{4!} \cdot \dfrac{1}{z^2} + \cdots$$

例題 4.1.3 関数 $f(z) = \dfrac{3z}{(z-1)(z+2)}$ を次の各領域においてローラン級数に展開せよ.
(1) $0 < |z-1| < 3$ 　　(2) $3 < |z-1|$ 　　(3) $0 < |z+2| < 3$
(4) $1 < |z| < 2$

解 $f(z)$ を部分分数に分解すると,

$$f(z) = \dfrac{3z}{(z-1)(z+2)} = \dfrac{2}{z+2} + \dfrac{1}{z-1}$$

(1) $0 < |z-1| < 3$ で, $z=1$ を中心とするローラン級数展開を求める. $|z-1| < 3$ より,

$$\dfrac{1}{z+2} = \dfrac{1}{3+(z-1)} = \dfrac{1}{3} \dfrac{1}{1-\left(-\dfrac{z-1}{3}\right)} = \dfrac{1}{3} \sum_{n=0}^{\infty} \left(-\dfrac{z-1}{3}\right)^n$$

よって,

$$f(z) = \dfrac{1}{z-1} + \dfrac{2}{3} \sum_{n=0}^{\infty} \dfrac{(-1)^n}{3^n} (z-1)^n$$

(2) $|z-1| > 3$ で，$z = 1$ を中心とするローラン級数展開を求める．$3 < |z-1|$ より，

$$\frac{1}{z+2} = \frac{1}{3+(z-1)} = \frac{1}{z-1} \frac{1}{1-\left(-\dfrac{3}{z-1}\right)} = \frac{1}{z-1} \sum_{n=0}^{\infty} \left(-\frac{3}{z-1}\right)^n$$

よって，

$$f(z) = \frac{1}{z-1} + 2\sum_{n=0}^{\infty} \frac{(-3)^n}{(z-1)^{n+1}} = \frac{3}{z-1} + 2\sum_{n=2}^{\infty} \frac{(-3)^{n-1}}{(z-1)^n}$$

(3) $0 < |z+2| < 3$ で，$z = -2$ を中心とするローラン級数展開を求める．$|z+2| < 3$ より，

$$\frac{1}{z-1} = \frac{1}{-3+(z+2)} = -\frac{1}{3} \frac{1}{1-\left(\dfrac{z+2}{3}\right)} = -\frac{1}{3} \sum_{n=0}^{\infty} \left(\frac{z+2}{3}\right)^n$$

よって，

$$f(z) = \frac{2}{z+2} - \frac{1}{3} \sum_{n=0}^{\infty} \frac{(z+2)^n}{3^n} = \frac{2}{z+2} - \sum_{n=0}^{\infty} \frac{1}{3^{n+1}}(z+2)^n$$

(4) $1 < |z| < 2$ で，原点を中心とするローラン級数展開を求める．$1 < |z|$ より，

$$\frac{1}{z-1} = \frac{1}{z} \frac{1}{1-\dfrac{1}{z}} = \frac{1}{z} \sum_{n=0}^{\infty} \left(\frac{1}{z}\right)^n = \sum_{n=1}^{\infty} \frac{1}{z^n}$$

また，$|z| < 2$ より，

$$\frac{1}{z+2} = \frac{1}{2} \frac{1}{1-\left(-\dfrac{z}{2}\right)} = \frac{1}{2} \sum_{n=0}^{\infty} \left(-\frac{z}{2}\right)^n = \sum_{n=0}^{\infty} \frac{(-1)^n}{2^{n+1}} z^n$$

よって，

$$f(z) = \sum_{n=1}^{\infty} \frac{1}{z^n} + \sum_{n=0}^{\infty} \frac{(-1)^n}{2^{n+1}} z^n$$

問題 4.1.1 関数 $f(z) = \dfrac{2}{z(z-2)}$ を次の各領域においてローラン級数に展開せよ．

(1) $0 < |z| < 2$ (2) $2 < |z|$ (3) $0 < |z-2| < 2$ (4) $2 < |z-2|$

問題 4.1.2 次の各関数を（ ）内の領域においてローラン級数に展開せよ．

(1) $f(z) = \dfrac{1}{(z-2)(z+3)}$ （$2 < |z| < 3$）

(2) $f(z) = \dfrac{1}{z^2+9}$ （$0 < |z-3i| < 6$）

(3) $f(z) = \dfrac{z}{8-z^3}$ （$|z| > 2$）

(4) $f(z) = \dfrac{1}{z(z+1)}$ （$0 < |z+1| < 1$）

(5) $f(z) = \dfrac{3}{z(z-1)(z+2)}$ （$1 < |z-1| < 3$）

4.2 特異点の種類

関数 $f(z)$ が $0 < |z-a| < R$ で正則とすると，点 a を中心とする $f(z)$ のローラン級数展開は

$$f(z) = \sum_{n=1}^{\infty} \frac{a_{-n}}{(z-a)^n} + \sum_{n=0}^{\infty} a_n(z-a)^n \quad (0 < |z-a| < R) \qquad (4.14)$$

である．式 (4.14) の右辺の $\displaystyle\sum_{n=1}^{\infty} \frac{a_{-n}}{(z-a)^n}$ の部分を点 a における $f(z)$ の**主要部**という．

主要部によって，特異点を次のように分類する．

(I) 主要部がない場合

$a_{-n} = 0$ ($n = 1, 2, \cdots$) であるから，$f(z)$ のローラン級数展開は

$$f(z) = \sum_{n=0}^{\infty} a_n (z-a)^n \quad (0 < |z-a| < R) \tag{4.15}$$

である．改めて $f(a) = a_0$ と定めると，

$$f(z) = \sum_{n=0}^{\infty} a_n (z-a)^n \quad (|z-a| < R) \tag{4.16}$$

が成り立つ．つまり，点 a で $f(z)$ は正則となる．したがって，この場合に点 a を $f(z)$ の**除去可能な特異点**という．

(II) 主要部が有限項 ($\geqq 1$) の場合

$a_{-m} \neq 0$, $a_{-k} = 0$ ($k = m+1, m+2, \cdots$) をみたす正の整数 m がある．したがって，$f(z)$ のローラン級数展開は

$$f(z) = \frac{a_{-m}}{(z-1)^m} + \cdots + \frac{a_{-1}}{z-a} + \sum_{n=0}^{\infty} a_n(z-a)^n \quad (0 < |z-a| < R) \tag{4.17}$$

である．この場合に点 a を $f(z)$ の m **位の極**という．

(III) 主要部が無限項の場合

$f(z)$ のローラン級数展開の主要部が無限項の場合に点 a を $f(z)$ の**真性特異点**という．

例題 4.2.1 次の各関数の特異点を調べよ．
(1) $\dfrac{1 - \cos z}{z^2}$ (2) $\dfrac{z^2 - 3z + 1}{z - 2}$ (3) $e^{\frac{1}{z}}$

解 (1) $\cos z$ の原点を中心とするローラン級数展開は

$$\cos z = \sum_{n=0}^{\infty} \frac{(-1)^n}{(2n)!} z^{2n} = 1 - \frac{z^2}{2!} + \frac{z^4}{4!} - \frac{z^6}{6!} + \cdots$$

である．よって，

$$\frac{1 - \cos z}{z^2} = \frac{1}{2!} - \frac{z^2}{4!} + \frac{z^4}{6!} + \cdots.$$

ゆえに，原点は除去可能な特異点である．

(2) $\dfrac{z^2-3z+1}{z-2} = \dfrac{-1}{z-2} + 1 + (z-2)$ より, 点 $z=2$ は 1 位の極である.

(3) $e^{\frac{1}{z}}$ の原点を中心とするローラン級数展開は

$$e^{\frac{1}{z}} = \sum_{n=0}^{\infty} \frac{1}{n!} \frac{1}{z^n} = 1 + \frac{1}{z} + \frac{1}{2!z^2} + \frac{1}{3!z^3} + \cdots$$

したがって, 原点は真性特異点である.

問題 4.2.1 次の各関数の特異点を調べよ.

(1) $\dfrac{\sin z - z}{z^3}$　　(2) $\dfrac{1}{z^2(z-2)}$　　(3) $\dfrac{e^z}{z^3}$　　(4) $\cos \dfrac{1}{1-z}$

(5) $\dfrac{e^z}{z^2}$　　(6) $\dfrac{1}{z^2+4}$　　(7) $e^{-\frac{1}{z}}$　　(8) $\sin \dfrac{1}{1-z}$

4.3 留数の定理

関数 $f(z)$ が $0 < |z-a| < R$ で正則とする. このとき, 積分

$$\frac{1}{2\pi i} \int_{|z-a|=r} f(z)\,dz \quad (0 < r < R) \tag{4.18}$$

を関数 $f(z)$ の点 a における**留数**といい, $\mathrm{Res}(f;a)$ または $\mathrm{Res}(a)$ と表す.

関数 $f(z)$ が $0 < |z-a| < R$ で正則とするとき, 点 a を中心とする $f(z)$ のローラン級数展開を考えると,

$$f(z) = \cdots + \frac{a_{-n}}{(z-a)^n} + \cdots + \frac{a_{-1}}{z-a} + \sum_{n=0}^{\infty} a_n(z-a)^n \tag{4.19}$$

$$a_n = \frac{1}{2\pi i} \int_{|\zeta-a|=r} \frac{f(\zeta)}{(\zeta-a)^{n+1}}\,d\zeta$$

$$(n = 0,\ \pm 1,\ \pm 2,\ \cdots,\quad 0 < r < R)$$

である. したがって, $f(z)$ の点 a における留数 $\mathrm{Res}(f;a)$ は

$$\mathrm{Res}(f;a) = a_{-1} = \frac{1}{2\pi i} \int_{|z-a|=r} f(z)\,dz \quad (0 < r < R) \tag{4.20}$$

である. すなわち, $f(z)$ の点 a における留数 $\mathrm{Res}(f;a)$ は, 点 a を中心とする $f(z)$ のローラン級数展開において, $\dfrac{1}{z-a}$ の係数 a_{-1} である.

よく知られた留数定理を述べる.

定理 4.2 (留数定理) 単純閉曲線 C で囲まれた領域を D とする. 関数 $f(z)$ は D 内の点 $a_1, a_2, \cdots, a_m$ で特異点をもち, $\overline{D} - \{a_1, a_2, \cdots, a_m\}$ で正則とする. このとき,

$$\int_C f(z)\,dz = 2\pi i \sum_{j=1}^{m} \mathrm{Res}(f; a_j) \tag{4.21}$$

証明 $m = 2$ の場合を証明する.
上図のように, 2 つの単純閉曲線 C_1, C_2 をとる. コーシーの積分定理により,

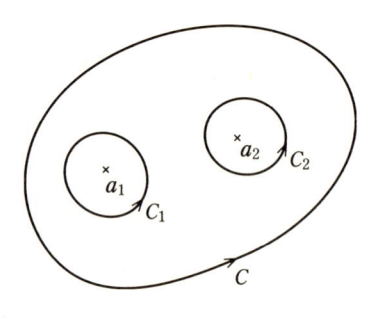

図 4.1

$$\int_C f(z)\,dz = \int_{C_1} f(z)\,dz + \int_{C_2} f(z)\,dz. \tag{4.22}$$

よって,

$$\int_C f(z)\,dz = 2\pi i \bigl(\mathrm{Res}(f; a_1) + \mathrm{Res}(f; a_2)\bigr).$$

∎

また, 極に関して次の定理がある.

定理 4.3 関数 $f(z)$ が $z = a$ で m 位の極をもつとき, $f(z)$ の点 a における留数は

$$\mathrm{Res}(f; a) = \frac{1}{(m-1)!} \lim_{z \to a} \frac{d^{m-1}}{dz^{m-1}} \{(z-a)^m f(z)\} \tag{4.23}$$

である．特に，$m=1$ のとき，
$$\mathrm{Res}(f;a) = \lim_{z \to a}(z-a)f(z). \tag{4.24}$$

証明 関数 $f(z)$ が $z=a$ で m 位の極をもつとする．十分小さな正数 r をとると，領域 $0 < |z-a| < r$ で $f(z)$ のローラン級数展開は

$$f(z) = \frac{a_{-m}}{(z-a)^m} + \frac{a_{-m+1}}{(z-a)^{m-1}} + \cdots + \frac{a_{-1}}{z-a} + \sum_{n=0}^{\infty} a_n(z-a)^n.$$

両辺に，$(z-a)^m$ を掛けると

$$(z-a)^m f(z) = a_{-m} + a_{-m+1}(z-a) + \cdots + a_{-1}(z-a)^{m-1} + \sum_{n=0}^{\infty} a_n(z-a)^{m+n}.$$

留数を求めるには，a_{-1} を求めればよいから，両辺を $m-1$ 回微分して，$z \to a$ とすると

$$\lim_{z \to a}\frac{d^{m-1}}{dz^{m-1}}\left((z-a)^m f(z)\right) = (m-1)! \cdot a_{-1} \tag{4.25}$$

ゆえに，

$$\mathrm{Res}(f;a) = a_{-1} = \frac{1}{(m-1)!}\lim_{z \to a}\frac{d^{m-1}}{dz^{m-1}}\left((z-a)^m f(z)\right) \blacksquare$$

例題 4.3.1 積分 $\displaystyle\int_{|z|=3}\frac{z^2-z+3}{(z-1)^2(z-2)}dz$ を求めよ．

解 $f(z) = \dfrac{z^2-z+3}{(z-1)^2(z-2)}$ とおくと，領域 $|z|<3$ 内にある $f(z)$ の特異点は $z=1$ が 2 位の極で，$z=2$ が 1 位の極である．よって，

$$\mathrm{Res}(f;1) = \lim_{z \to 1}\frac{d}{dz}\{(z-1)^2 f(z)\} = \lim_{z \to 1}\frac{d}{dz}\frac{z^2-z+3}{z-2} = -4$$

$$\mathrm{Res}(f;2) = \lim_{z \to 2}\{(z-2)f(z)\} = \lim_{z \to 2}\frac{z^2-z+3}{(z-1)^2} = 5$$

ゆえに，留数定理より

$$\int_{|z|=3}\frac{z^2-z+3}{(z-1)^2(z-2)}dz = 2\pi i(\,\mathrm{Res}(f;1) + \mathrm{Res}(f;2)\,) = 2\pi i(-4+5) = 2\pi i.$$

問題 4.3.1 次の各関数の特異点の種類とその点での留数を求めよ．

(1) $\dfrac{z}{(z^2-4)(z^2+4)}$ 　　　　(2) $\dfrac{1}{(z^2+9)^2}$

(3) $\dfrac{e^{2z}}{(z-3)^2}$ 　　　　(4) $z^2 e^{\frac{1}{z}}$

問題 4.3.2 次の各積分を求めよ．

(1) $\displaystyle\int_{|z|=2} \dfrac{z}{z+1}\,dz$ 　(2) $\displaystyle\int_{|z|=3} \dfrac{e^z}{z^2(z-4)}\,dz$ 　(3) $\displaystyle\int_{|z|=2} z^2 e^{\frac{1}{z}}\,dz$

(4) $\displaystyle\int_{|z|=2} \dfrac{1}{z^2(z+1)}\,dz$ 　(5) $\displaystyle\int_{|z|=3} \dfrac{1}{(z^2-4)^3}\,dz$ 　(6) $\displaystyle\int_{|z|=2} e^{\frac{1}{z-1}}\,dz$

(7) $\displaystyle\int_{|z|=4} \dfrac{z}{z+3}\,dz$ 　(8) $\displaystyle\int_{|z|=3} \dfrac{1}{z^2(z-1)}\,dz$ 　(9) $\displaystyle\int_{|z|=2} \dfrac{1}{(z^2-1)^2}\,dz$

4.4 定積分への応用

留数の定理を用いて，実関数の定積分を求める．

(I) $\displaystyle\int_0^{2\pi} f(\cos\theta,\,\sin\theta)\,d\theta$ の場合

$z = e^{i\theta}$ とおく．両辺を θ で微分すると，$\dfrac{dz}{d\theta} = ie^{i\theta} = iz$. よって，$d\theta = \dfrac{1}{iz}dz$. また，

$$\cos\theta = \frac{e^{i\theta}+e^{-i\theta}}{2} = \frac{z^2+1}{2z}$$

$$\sin\theta = \frac{e^{i\theta}-e^{-i\theta}}{2i} = \frac{z^2-1}{2iz}$$

$|z|=1$ より，

$$\int_0^{2\pi} f(\cos\theta,\,\sin\theta)\,d\theta = \frac{1}{i}\int_{|z|=1} f\left(\frac{z^2+1}{2z},\,\frac{z^2-1}{2iz}\right)\frac{1}{z}\,dz \quad (4.26)$$

したがって，領域 $|z| < 1$ 内にある特異点における留数を求めればよい．

例題 4.4.1 定積分 $\displaystyle\int_0^{2\pi} \dfrac{d\theta}{2+\cos\theta}$ を求めよ．

解
$$\int_0^{2\pi} \frac{d\theta}{2+\cos\theta} = \frac{1}{i}\int_{|z|=1} \frac{1}{2+\frac{z^2+1}{2z}}\frac{1}{z}dz = \frac{2}{i}\int_{|z|=1} \frac{dz}{z^2+4z+1}.$$

$z^2+4z+1=0$ を解くと，$z=-2\pm\sqrt{3}$ だから，領域 $|z|<1$ 内にある特異点は $z=-2+\sqrt{3}$ で，1位の極である．よって，

$$\int_0^{2\pi} \frac{d\theta}{2+\cos\theta} = 4\pi \lim_{z\to -2+\sqrt{3}} \frac{1}{z+2+\sqrt{3}} = \frac{2\sqrt{3}\pi}{3}$$

問題 4.4.1 次の各定積分を求めよ．

(1) $\displaystyle\int_0^{2\pi} \frac{d\theta}{4-\sin\theta}$ (2) $\displaystyle\int_0^{2\pi} \frac{d\theta}{2\sin\theta+\cos\theta-3}$ (3) $\displaystyle\int_0^{\frac{\pi}{2}} \frac{d\theta}{1+\sin^2\theta}$

(4) $\displaystyle\int_0^{2\pi} \frac{d\theta}{3+\sin\theta}$ (5) $\displaystyle\int_0^{2\pi} \frac{d\theta}{3\sin\theta+\cos\theta+4}$ (6) $\displaystyle\int_0^{\frac{\pi}{2}} \frac{d\theta}{2+\cos^2\theta}$

(II) $\displaystyle\int_{-\infty}^{\infty} f(x)\,dx$ の場合

ただし，$f(z)$ は有理関数で，実軸上に極をもたず，しかも十分大きな正数 R に対して，R に無関係な正数 M があって，

$$|z^2 f(z)| \leqq M \quad (|z|>R) \tag{4.27}$$

をみたすものとする．

十分大なる正数 R をとると，$f(z)$ の極はすべて領域 $|z|<R$ 内にある．図のように，円周 $|z|=R$ の上半分を Γ_R とし，単純閉曲線 C_R を $C_R = [-R, R] + \Gamma_R$ とする．

単純閉曲線 C_R で囲まれた領域内にある $f(z)$ の極を $a_1, a_2, \cdots, a_m$ とすると，

$$\int_{C_R} f(z)\,dz = 2\pi i \sum_{j=1}^m \text{Res}(f;a_j)$$

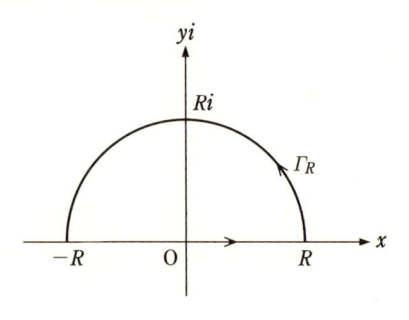

図 **4.2**

$\Gamma_R : z = Re^{i\theta}$ ($0 \leqq \theta \leqq \pi$) であり，$|z^2 f(z)| = R^2|f(Re^{i\theta})| \leqq M$ より，

$$\left|\int_{\Gamma_R} f(z)\, dz\right| = \left|\int_0^\pi f(Re^{i\theta}) i Re^{i\theta}\, d\theta\right| \leqq \int_0^\pi \frac{M}{R}\, d\theta = \frac{M\pi}{R}$$

したがって，

$$\left|\int_{\Gamma_R} f(z)\, dz\right| \leqq \frac{M\pi}{R} \longrightarrow 0 \quad (R \longrightarrow \infty)$$

一方，実軸上の閉区間 $[-R, R]$ 上の積分は $z = x$ とおくと，$dz = dx$ より，

$$\int_{[-R,\, R]} f(z)\, dz = \int_{-R}^R f(x)\, dx$$

よって，$R \longrightarrow \infty$ とすると

$$\int_{-\infty}^\infty f(x)\, dx = 2\pi i \sum_{j=1}^m \mathrm{Res}(f; a_j) \tag{4.28}$$

例題 4.4.2 次の定積分を求めよ．

(1) $\displaystyle\int_{-\infty}^\infty \frac{dx}{x^4+1}$ \qquad (2) $\displaystyle\int_0^\infty \frac{\cos x}{x^2+1}\, dx$

解 (1) $\left|z^2 \dfrac{1}{z^4+1}\right| = \left|\dfrac{1}{z^2 + \dfrac{1}{z^2}}\right| \leqq \dfrac{1}{2} \quad (|z| \geqq 2)$

$z^4+1=0$ の解で虚数部分が正なるものは $z=\dfrac{1+i}{\sqrt{2}}$ と $z=\dfrac{-1+i}{\sqrt{2}}$ である.

$$\mathrm{Res}\left(\frac{1}{z^4+1};\frac{1+i}{\sqrt{2}}\right) = \lim_{z\to\frac{1+i}{\sqrt{2}}} \frac{z-\frac{1+i}{\sqrt{2}}}{z^4+1} = -\frac{\sqrt{2}(1+i)}{8}$$

$$\mathrm{Res}\left(\frac{1}{z^4+1};\frac{-1+i}{\sqrt{2}}\right) = \lim_{z\to\frac{-1+i}{\sqrt{2}}} \frac{z-\frac{-1+i}{\sqrt{2}}}{z^4+1} = \frac{\sqrt{2}(1-i)}{8}$$

よって,
$$\int_{-\infty}^{\infty}\frac{dx}{x^4+1} = 2\pi i\left(\mathrm{Res}\left(\frac{1}{z^4+1};\frac{1+i}{\sqrt{2}}\right)+\mathrm{Res}\left(\frac{1}{z^4+1};\frac{-1+i}{\sqrt{2}}\right)\right)$$
$$= 2\pi i\left(-\frac{\sqrt{2}(1+i)}{8}+\frac{\sqrt{2}(1-i)}{8}\right) = \frac{\sqrt{2}}{2}\pi$$

(2) 関数 $\dfrac{\cos x}{x^2+1}$ は偶関数より, $\displaystyle\int_0^{\infty}\frac{\cos x}{x^2+1}dx = \frac{1}{2}\int_{-\infty}^{\infty}\frac{\cos x}{x^2+1}dx$. また, $\mathrm{Re}\,\dfrac{e^{ix}}{x^2+1}=\dfrac{\cos x}{x^2+1}$ である. $f(z)=\dfrac{e^{iz}}{z^2+1}$ とおくと, $z=x+yi$ で $y>0$ のとき,

$$|z^2 f(z)| = \left|\frac{z^2 e^{iz}}{z^2+1}\right| \leq \frac{e^{-y}}{1-\dfrac{1}{|z^2|}} \leq \frac{4}{3} \quad (|z|\geq 2)$$

この場合, $f(z)$ は z の有理関数ではないが, (II) の場合と同様の方法で考えることができる. $f(z)=\dfrac{e^{iz}}{z^2+1}$ の特異点で虚数部分が正であるものは点 i で1位の極である. よって,

$$\mathrm{Res}(f;i) = \lim_{z\to i}(z-i)f(z) = \lim_{z\to i}(z-i)\frac{e^{iz}}{z^2+1} = \frac{1}{2ei}$$

ゆえに,
$$\int_0^{\infty}\frac{\cos x}{x^2+1}dx = \frac{1}{2}\mathrm{Re}\left(2\pi i\cdot\frac{1}{2ei}\right) = \frac{\pi}{2e}$$

問題 4.4.2 次の各定積分を求めよ．

(1) $\displaystyle\int_0^\infty \frac{x^2}{x^4+1}\,dx$

(2) $\displaystyle\int_0^\infty \frac{x^2}{(x^2+1)(x^2+4)}\,dx$

(3) $\displaystyle\int_{-\infty}^\infty \frac{x^2+x+2}{x^4+10x^2+9}\,dx$

(4) $\displaystyle\int_{-\infty}^\infty \frac{\cos x}{x^2+4}\,dx$

(5) $\displaystyle\int_0^\infty \frac{x\sin 2x}{(x^2+1)^2}\,dx$

(6) $\displaystyle\int_{-\infty}^\infty \frac{\sin x}{x^2+4x+5}\,dx$

(7) $\displaystyle\int_{-\infty}^\infty \frac{x^2}{x^4+16}\,dx$

(8) $\displaystyle\int_0^\infty \frac{1}{x^4+5x^2+4}\,dx$

(9) $\displaystyle\int_{-\infty}^\infty \frac{\cos 3x}{x^4+10x^2+9}\,dx$

(10) $\displaystyle\int_{-\infty}^\infty \frac{\sin 2x}{x^2+6x+10}\,dx$

第 5 章

補足的な話題

5.1 実数列の収束と極限

5.1.1 実数列の収束

実数を次のように無限個並べたもの

$$a_1, a_2, \cdots, a_n, \cdots$$

を**実数列**といい，$\{a_n\}_{n=1}^{\infty}$, $\{a_n\}_1^{\infty}$, $\{a_n\}$ などと表す．

$\{a_n\}_{n=1}^{\infty}$ を実数列とし，a を実数とする．$n \to \infty$ のとき，$|z_n - \alpha| \to 0$ となるならば，実数列 $\{a_n\}_{n=1}^{\infty}$ は a に**収束する**といい，

$$\lim_{n\to\infty} a_n = a \tag{5.1}$$

または

$$a_n \longrightarrow a \ (n \longrightarrow \infty) \tag{5.2}$$

と表す．a を実数列 $\{a_n\}_{n=1}^{\infty}$ の**極限 (値)** という．実数列 $\{a_n\}_{n=1}^{\infty}$ が収束しないとき，**発散する**という．

$\lim_{n\to\infty} a_n = a$ を詳しく述べると，任意の正数 $\varepsilon > 0$ に対して，ある自然数 n_0 をとると

$$n \geqq n_0 \implies |a_n - a| < \varepsilon \tag{5.3}$$

が成り立つことである．

定理 5.1　実数列 $\{a_n\}_{n=1}^{\infty}$ が収束すればその極限は唯一つである.

証明　実数列 $\{a_n\}_{n=1}^{\infty}$ が 2 つの極限 a, b をもつと仮定する. 任意の正数 $\varepsilon > 0$ に対して, ある自然数 n_0 をとると

$$n \geqq n_0 \implies |a_n - a| < \frac{\varepsilon}{2}, \ |a_n - b| < \frac{\varepsilon}{2} \tag{5.4}$$

が成り立つ. したがって, $n \geqq n_0$ なる自然数 n に対して

$$|a - b| \leqq |a - a_n| + |a_n - b| < \frac{\varepsilon}{2} + \frac{\varepsilon}{2} = \varepsilon \tag{5.5}$$

ε の任意性より, $a = b$ を得る. ∎

定理 5.2　$\lim_{n \to \infty} a_n = a \neq 0$ ならば, ある自然数 n_0 をとると,

$$n \geqq n_0 \implies |a_n| > \frac{|a|}{2} \tag{5.6}$$

が成り立つ.

証明　$|a| > 0$ より, $\varepsilon = \dfrac{|a|}{2}$ に対して, ある自然数 n_0 をとると,

$$n \geqq n_0 \implies |a_n - a| < \varepsilon = \frac{|a|}{2} \tag{5.7}$$

が成り立つ. また, $||a_n| - |a|| \leqq |a_n - a|$ だから, $n \geqq n_0$ なる自然数 n に対して $|a_n| > \dfrac{|a|}{2}$ を得る. ∎

定理 5.3　$\lim_{n \to \infty} a_n = a, \ \lim_{n \to \infty} b_n = b$ とするとき, 次が成り立つ:

1) $\lim_{n \to \infty} (a_n + b_n) = a + b$.
2) k を実数とするとき, $\lim_{n \to \infty} (k \cdot a_n) = k \cdot a$.
3) $\lim_{n \to \infty} a_n \cdot b_n = a \cdot b$.
4) $b_n \neq 0 \ (n = 1, 2, \cdots), \ b \neq 0$ とするとき, $\lim_{n \to \infty} \dfrac{1}{b_n} = \dfrac{1}{b}$.
5) $\lim_{n \to \infty} |a_n| = |a|$.

証明　1) $|(a_n + b_n) - (a + b)| \leqq |a_n - a| + |b_n - b|$ より, 示される.
2) $k = 0$ のときは明らかに成り立つ. $k \neq 0$ のときは

$$|k \cdot a_n - k \cdot a| = |k| \cdot |a_n - a|$$

より, 成り立つ.
3) $a_n \cdot b_n - a \cdot b = (a_n - a)(b_n - b) + a(b_n - b) + b(a_n - a)$ より, 成り立つ.

4) 定理 5.2 を用いると，$\left|\dfrac{1}{b_n} - \dfrac{1}{b}\right| = \dfrac{|b_n - b|}{|b_n| \cdot |b|} \leqq \dfrac{2}{|b|^2}|b_n - b|$ より，成り立つ．

5) 不等式 $||a_n| - |a|| \leqq |a_n - a|$ より，成り立つ． ∎

実数列 $\{a_n\}_{n=1}^{\infty}$ が

$$a_1 \leqq a_2 \leqq a_3 \leqq \cdots \leqq a_n \leqq \cdots \tag{5.8}$$

をみたすとき，実数列 $\{a_n\}_{n=1}^{\infty}$ は**単調増加列**という．また，

$$a_1 \geqq a_2 \geqq a_3 \geqq \cdots \geqq a_n \geqq \cdots \tag{5.9}$$

をみたすとき，実数列 $\{a_n\}_{n=1}^{\infty}$ は**単調減少列**という．

実数列 $\{a_n\}_{n=1}^{\infty}$ において，

$$a_n < M \quad (n = 1, 2, 3, \cdots) \tag{5.10}$$

をみたす実数 M とれるとき，実数列 $\{a_n\}_{n=1}^{\infty}$ は**上に有界**であるという．また，

$$a_n > m \quad (n = 1, 2, 3, \cdots) \tag{5.11}$$

をみたす実数 m とれるとき，実数列 $\{a_n\}_{n=1}^{\infty}$ は**下に有界**であるという．さらに，上にも下にも有界な実数列を単に**有界**な実数列であるという．

実数についての重要な性質である実数の連続性の公理を述べる．

公理 上 (下) に有界な単調増加 (減少) 数列は必ずある実数に収束する．

定理 5.4 3 つの実数列 $\{a_n\}_{n=1}^{\infty}$, $\{b_n\}_{n=1}^{\infty}$, $\{c_n\}_{n=1}^{\infty}$ が 2 条件

$$a_n \leqq c_n \leqq b_n \quad (n = 1, 2, 3, \cdots) \tag{5.12}$$

$$\lim_{n \to \infty} a_n = a, \quad \lim_{n \to \infty} b_n = b \tag{5.13}$$

をみたすとする．このとき，$a = b$ ならば，実数列 $\{c_n\}_{n=1}^{\infty}$ は a に収束する．

証明 条件 (5.13) により，任意の正数 ε に対して，

$$-\varepsilon < a - a_{n_0} < \varepsilon, \quad -\varepsilon < b - b_{n_0} < \varepsilon \tag{5.14}$$

をみたす自然数 n_0 がある．条件 (5.12) より，

$$-\varepsilon < a - b_{n_0} \leqq a - c_{n_0} \leqq a - a_{n_0} < \varepsilon. \tag{5.15}$$

よって，定理は成り立つ． ∎

5.1.2 部分列とコーシー列

実数列 $\{a_n\}_{n=1}^{\infty}$ において，自然数 $n_1, n_2, n_3, \cdots$ を

$$n_1 < n_2 < n_3 < \cdots < n_k \cdots \tag{5.16}$$

ととるとき，実数列

$$a_{n_1}, a_{n_2}, a_{n_3}, \cdots, a_{n_k}, \cdots \tag{5.17}$$

を実数列 $\{a_n\}_{n=1}^{\infty}$ の**部分列**といい $\{a_{n_k}\}_{k=1}^{\infty}$ または $\{a_{n_k}\}$ と表す．

定理 5.5 実数列 $\{a_n\}_{n=1}^{\infty}$ が a に収束するならば，$\{a_n\}_{n=1}^{\infty}$ のいかなる部分列も a に収束する．逆に，実数列 $\{a_n\}_{n=1}^{\infty}$ のいかなる部分列も同じ極限値 a をもつならば，実数列 $\{a_n\}_{n=1}^{\infty}$ は a に収束する．

証明 実数列 $\{a_n\}_{n=1}^{\infty}$ は a に収束すると仮定する．任意の正数 $\varepsilon > 0$ に対して，ある自然数 n_0 をとると

$$n \geqq n_0 \implies |a_n - a| < \varepsilon \tag{5.18}$$

が成り立つ．
実数列 $\{a_{n_k}\}_{k=1}^{\infty}$ を実数列 $\{a_n\}_{n=1}^{\infty}$ の部分列とすると，$n_{k_0} > n_0$ をみたす自然数 k_0 がとれる．したがって，

$$k \geqq k_0 \implies |a_{n_k} - a| < \varepsilon \tag{5.19}$$

が成り立つことである．
逆は，背理法で証明する．実数列 $\{a_n\}_{n=1}^{\infty}$ が a に収束しないと仮定すると，定義により，ある正数 ε_0 をとると，いかなる自然数 n をとっても

$$|a_{k_n} - a| \geqq \varepsilon_0 \tag{5.20}$$

をみたす自然数 $k_n > n$ がとれる．ここで，$n = 1, 2, 3 \cdots$ とすると，

$$k_1 \leqq k_2 \leqq k_3 \leqq \cdots \leqq k_n \cdots \tag{5.21}$$

なる自然数の列がとれる．このとき，実数列 $\{a_{k_n}\}_{n=1}^{\infty}$ は実数列 $\{a_n\}_{n=1}^{\infty}$ の部分列であって，(5.20) により，収束しない．これは矛盾である． ∎

定理 5.6 (ワイヤストラスの補助定理) 有界な実数列 $\{a_n\}_{n=1}^{\infty}$ は必ず収束する部分列をもつ．

証明 $\{a_{k_n}\}_{n=1}^{\infty}$ は有界だから，

$$-M \leqq a_n \leqq M \quad (n = 1, 2, 3, \cdots) \tag{5.22}$$

をみたす正数 M がとれる．2 つの閉区間 $[-M, 0]$, $[0, M]$ の少なくとも一方に無数の a_n がある．その閉区間を改めて，閉区間 $[b_1, c_1]$ とする．両方にあれば左の閉区間を $[b_1, c_1]$ とする．次に，2 つの閉区間 $[b_1, \frac{b_1+c_1}{2}]$, $[\frac{b_1+c_1}{2}, c_1]$ の少なくとも一方に無数の a_n がある．その閉区間を改めて，閉区間 $[b_2, c_2]$ とする．両方にあれば左の閉区間を $[b_2, c_2]$ とする．以下，順次続けていくと

$$-M \leqq b_1 \leqq b_2 \leqq \cdots \leqq b_n \leqq \cdots \leqq c_n \leqq \cdots \leqq c_2 \leqq c_1 \leqq M \tag{5.23}$$

$$c_n - b_n = \frac{M}{2^{n-1}} \tag{5.24}$$

実数列 $\{b_n\}_{n=1}^{\infty}$ は上に有界な単調増加数列だから収束する．その極限を b とする．また，実数列 $\{c_n\}_{n=1}^{\infty}$ は下に有界な単調減少数列だから収束する．その極限を c とする．条件 (5.24) により，$b = c$ である．
収束する部分列をつくるために，閉区間 $[b_1, c_1]$ 内にある a_k の中で最小の自然数 k を k_1 とする．次に，閉区間 $[b_2, c_2]$ 内にある a_k の中で k_1 より大きな自然数をとり，それを k_2 とする．以下，順次続けると，

$$b_k \leqq a_{n_k} \leqq c_k \quad (k = 1, 2, 3, \cdots) \tag{5.25}$$

をみたす $\{a_n\}_{n=1}^{\infty}$ の部分列 $\{a_{n_k}\}_{k=1}^{\infty}$ がとれる．定理 5.4 により，部分列 $\{a_{n_k}\}_{k=1}^{\infty}$ は収束する． ∎

実数列 $\{a_n\}_{n=1}^{\infty}$ が条件

$$\lim_{n,m \to \infty} |a_n - a_m| = 0 \tag{5.26}$$

をみたすとき，つまり，任意の正数 ε に対して，

$$|a_n - a_m| < \varepsilon \quad (n, m \geqq n_0) \tag{5.27}$$

をみたす自然数 n_0 がとれるとき，実数列 $\{a_n\}_{n=1}^{\infty}$ は**コーシー列**であるという．

定理 5.7 実数列 $\{a_n\}_{n=1}^{\infty}$ が収束するための必要十分条件は実数列 $\{a_n\}_{n=1}^{\infty}$ がコーシー列であることである．

証明 最初に，実数列 $\{a_n\}_{n=1}^{\infty}$ が a 収束するとする．任意の正数 ε に対して，$|a_n - a_m| < \varepsilon \ (n, m \geqq n_0)$ をみたす自然数 n_0 がとれる．このとき，$n, m \geqq n_0$ をみたす自然数 n, m に対して

$$|a_n - a_m| \leqq |a_n - a| + |a - a_m| < \varepsilon + \varepsilon = 2\varepsilon \tag{5.28}$$

よって，必要性は示された．

次に，十分性を示すために，実数列 $\{a_n\}_{n=1}^{\infty}$ がコーシー列であるとする．定義より，$\varepsilon = 1$ に対して，ある自然数 n_0 をとると

$$|a_n - a_{n_0}| < 1 \quad (n \geqq n_0) \tag{5.29}$$

が成り立つ．したがって，

$$a_{n_0} - 1 < a_n < a_{n_0} + 1 \quad (n \geqq n_0) \tag{5.30}$$

よって，実数列 $\{a_n\}_{n=1}^{\infty}$ は有界列である．ワイヤストラスの補助定理により，収束する部分列 $\{a_{n_k}\}_{k=1}^{\infty}$ がある．その極限を a とおく．任意の正数 ε をとる．この ε に対して，部分列が a に収束するから，

$$|a_{n_k} - a| < \varepsilon \quad (k \geqq k_0) \tag{5.31}$$

をみたす自然数 k_0 がとれる．また，実数列 $\{a_n\}_{n=1}^{\infty}$ がコーシー列であるから，同じ ε に対して，

$$|a_n - a_m| < \varepsilon \quad (n, m \geqq n_1) \tag{5.32}$$

をみたす自然数 n_1 がとれる．2 つの自然数 k_0, n_1 の大きいほうを N とおくと，$n \geqq N$ なる自然数 n に対して，$n_N \geqq N$ より，

$$|a_n - a| \leqq |a_n - a_{n_N}| + |a_{n_N} - a| < 2\varepsilon \tag{5.33}$$

5.2　コーシーの積分定理

5.2.1　グリーンの定理

定理 5.8 (グリーンの積分定理)　単純閉曲線 C で囲まれた領域を D とし，実 2 変数関数 $u(x,y), v(x,y)$ は $\overline{D} = C \bigcup D$ の近傍で C^1 級とする．このとき，

$$\int_C (u(x,y)\,dx + v(x,y)\,dy) = \iint_D (-u_y(x,y) + v_x(x,y))\,dxdy \tag{5.34}$$

が成り立つ．

証明　領域 D が 2 つの縦線集合

$$D = \{(x,y) \mid a \leqq x \leqq b,\ \varphi_1(x) \leqq y \leqq \varphi_2(x)\}$$
$$= \{(x,y) \mid \psi_1(y) \leqq x \leqq \psi_2(y),\ c \leqq y \leqq d\}$$

と表される場合を示す（ただし，φ_1, φ_2, ψ_1, ψ_2 は C^1 級である）．

$$\iint_D (-u_y(x,y))\,dxdy = \int_a^b \left(\int_{\varphi_1(x)}^{\varphi_2(x)} (-u_y(x,y))\,dy \right) dx$$

5.2 コーシーの積分定理

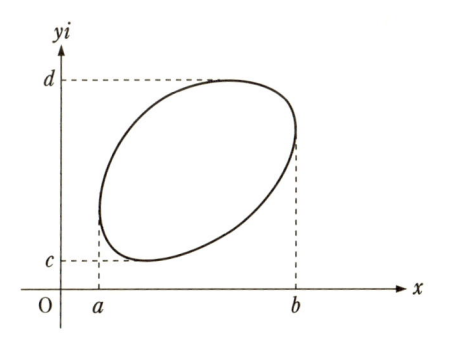

図 5.1

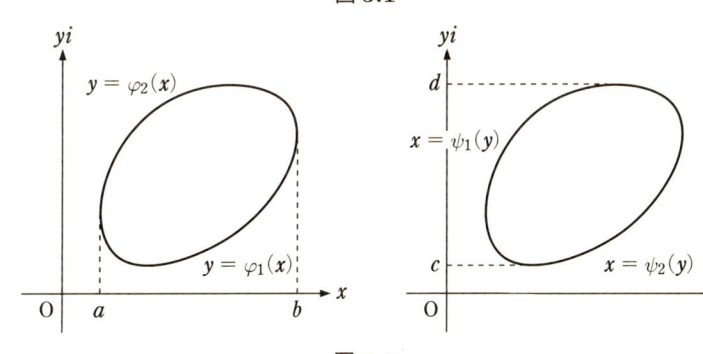

図 5.2

$$= \int_a^b \left(u(x, \varphi_1(x)) - u(x, \varphi_2(x)) \right) dx$$

$$= \int_a^b u(x, \varphi_1(x))\, dx + \int_b^a u(x, \varphi_2(x))\, dx$$

$$= \int_C u(x, y)\, dx$$

よって，$\iint_D (-u_y(x, y))\, dxdy = \int_C u(x, y)\, dx$ が成り立つ．

$$\iint_D v_x(x, y)\, dxdy = \int_c^d \left(\int_{\psi_1(y)}^{\psi_2(y)} v_x(x, y))\, dx \right) dy$$

$$= \int_c^d \left(v(\psi_2(y), y) - v(\psi_1(y), y) \right) dy$$

$$= \int_c^d v(\psi_2(y), y)\, dy + \int_d^c v(\psi_1(y), y)\, dy$$

$$= \int_C v(x,y)\,dy$$

よって，$\iint_D v_x(x,y)\,dxdy = \int_C v(x,y)\,dy$ が成り立つ．したがって，

$$\int_C (u(x,y)\,dx + v(x,y)\,dy) = \iint_D (-u_y(x,y) + v_x(x,y))\,dxdy. \tag{5.35}$$

曲線 C が一般の場合には領域 D を適当に分割すると，上の場合に帰着できることがいえる． ∎

このグリーンの定理を用いてコーシーの積分定理を証明する．

定理 5.9（コーシーの積分定理） 単純閉曲線 C で囲まれた領域を D とし，関数 $f(z)$ を $\overline{D}$ の近傍で正則とする．このとき，

$$\int_C f(z)\,dz = 0 \tag{5.36}$$

である．

証明 簡単のため，$f(z)$ の導関数 $f'(z)$ が連続であると仮定して証明する[*]．
$f(x+yi) = u(x,y) + iv(x,y)$ とおくと，(3.6) より，

$$\int_C f(z)\,dz = \int_C (u(x,y)\,dx - v(x,y)\,dy) + i\int_C (v(x,y)\,dx + u(x,y)\,dy)$$

$$= \iint_D (-u_y(x,y) - v_x(x,y))\,dxdy$$

$$\quad + i\iint_D (u_x(x,y) - v_y(x,y))\,dxdy$$

$$= 0.$$

∎

---

[*] この仮定はなくても証明できるが，その証明はかなり長い．

付　録 A

問題のヒントと解答

第 1 章

問題 1.1.1 $0 = 0 + 0 \cdot i$ より，$z = 0$ は $\operatorname{Re} z = 0$ かつ $\operatorname{Im} z = 0$ と同値である．

問題 1.1.2 (1) $1 + (-7)i$ (2) $7 + (-11)i$ (3) $13 + 11i$ (4) $3 + 6i$ (5) $\dfrac{8}{13} + \dfrac{1}{13}i$
(6) $\dfrac{1}{2} + \left(-\dfrac{1}{2}\right)i$

問題 1.1.3 略

問題 1.1.4 (1) 2 (2) $\sqrt{2}$ (3) $\sqrt{10}$ (4) $\dfrac{\sqrt{6}}{2}$

問題 1.1.5 (1) $2\left\{\cos\left(2n\pi + \dfrac{3}{2}\pi\right) + i\sin\left(2n\pi + \dfrac{3}{2}\pi\right)\right\}$ (n：整数)
(2) $\sqrt{2}\left\{\cos\left(2n\pi + \dfrac{\pi}{4}\right) + i\sin\left(2n\pi + \dfrac{\pi}{4}\right)\right\}$ (n：整数)
(3) $\dfrac{1}{2}\left\{\cos\left(2n\pi - \dfrac{\pi}{6}\right) + i\sin\left(2n\pi - \dfrac{\pi}{6}\right)\right\}$ (n：整数)

問題 1.1.6 定理 1.2 の 1) と 2) については極形式を考えるよい．
3) については $z = a + bi$, $w = c + di$ とおいて，2 乗して差をとるとよい．
4) 5) 6) は略
7) は n が自然数の場合は数学的帰納法で示す．$n = 0$ の場合は明らかである．
$n = -1$ の場合は $(\cos\theta + i\sin\theta)^{-1} = \dfrac{1}{\cos\theta + i\sin\theta} = \dfrac{\cos\theta - i\sin\theta}{\cos^2\theta + i\sin^2\theta} = \cos(-\theta) + i\sin(-\theta)$．$n$ が負の整数の場合は $n = -m$ (m：自然数) とおいて考えるとよい．

問題 1.1.7 (1) $\sqrt[3]{2}\left(\cos\dfrac{\pi}{9}+i\sin\dfrac{\pi}{9}\right)$, $\sqrt[3]{2}\left(\cos\dfrac{7}{9}\pi+i\sin\dfrac{7}{9}\pi\right)$, $\sqrt[3]{2}\left(\cos\dfrac{13}{9}\pi+i\sin\dfrac{13}{9}\pi\right)$

(2) $\dfrac{\sqrt{2}}{2}+\dfrac{\sqrt{2}}{2}i$, $-\dfrac{\sqrt{2}}{2}+\dfrac{\sqrt{2}}{2}i$, $-\dfrac{\sqrt{2}}{2}-\dfrac{\sqrt{2}}{2}i$, $\dfrac{\sqrt{2}}{2}-\dfrac{\sqrt{2}}{2}i$

(3) $\cos\left(\dfrac{\pi}{4}+\dfrac{k\pi}{3}\right)+i\sin\left(\dfrac{\pi}{4}+\dfrac{k\pi}{3}\right)$ ($k=0,1,2,3,4,5$)

問題 1.1.8 $z=\operatorname{Re}z+i\operatorname{Im}z$, $\bar{z}=\operatorname{Re}z-i\operatorname{Im}z$ より, 示せる.

問題 1.4.1 $e^{x+yi}=e^x\cdot e^{iy}=e^x(\cos y+i\sin y)$

問題 1.4.2 (1) $\cos^2 z+\sin^2 z=\left(\dfrac{e^{iz}+e^{-iz}}{2}\right)^2+\left(\dfrac{e^{iz}-e^{-iz}}{2i}\right)^2$
$=\dfrac{e^{2iz}+e^{-2iz}+2}{4}-\dfrac{e^{2iz}+e^{-2iz}-2}{4}=1$

(2) $\cos(-z)=\dfrac{e^{i(-z)}+e^{-i(-z)}}{2}=\cos z$, $\sin(-z)$ も同様.

(3) $\cos z\cdot\cos w-\sin z\cdot\sin w=\dfrac{e^{iz}+e^{-iz}}{2}\cdot\dfrac{e^{iw}+e^{-iw}}{2}-\dfrac{e^{iz}-e^{-iz}}{2i}\cdot\dfrac{e^{iw}-e^{-iw}}{2i}=\dfrac{e^{i(z+w)}+e^{-i(z+w)}}{2}=\cos(z+w)$, $\sin(z+w)$ も同様.

第 2 章

問題 2.1.1 (1) $z(5z^3-8iz^2+2)$ (2) $\dfrac{5i}{(z+2i)^2}$ (3) $3(2iz^2-3z+3-i)^2(4iz-3)$

問題 2.1.2 $(\cos z)'=\left(\dfrac{e^{iz}+e^{-iz}}{2}\right)'=\dfrac{ie^{iz}-ie^{-iz}}{2}=-\sin z$. $\sin z$ も同様にすると, $(\sin z)'=\cos z$.

問題 2.2.1 $f(x+yi)=u(x,y)+iv(x,y)$ とおくと, 仮定より, $v(x,y)=c$ (定数) である. よって, $v_x(x,y)=v_y(x,y)=0$. コーシー・リーマンの方程式より, $u_x(x,y)=u_y(x,y)=0$. ゆえに, $f'(z)=u_x(x,y)+iv_x(x,y)=0$. したがって, 定理 2.6 より, 結論を得る.

問題 2.2.2 $f(x+yi)=u(x,y)+iv(x,y)$ とおくと, 仮定より, $|f(z)|=\sqrt{u(x,y)^2+v(x,y)^2}=c\geqq 0$ である. $c=0$ のときは, 明らかである. $c>0$ のときは, 偏微分して, $u(x,y)u_x(x,y)+v(x,y)v_x(x,y)=0$, $u(x,y)u_y(x,y)+$

$v(x,y)v_y(x,y) = 0$. コーシー・リーマンの方程式より，$u(x,y)u_x(x,y) + v(x,y)(-u_y(x,y)) = 0$, $u(x,y)u_y(x,y) + v(x,y)u_x(x,y) = 0$. $u(x,y)^2 + v(x,y)^2 = c > 0$ より，$u_x(x,y) = u_y(x,y) = 0$. よって，$v_x(x,y) = v_y(x,y) = 0$. $f'(z) = 0$ が成り立つので，$f(z)$ は定数である．

問題 2.2.3 (1) 正則でない (2) 複素平面全体で正則で，$w' = 2x+1+2yi = 2z+1$. (3) 原点 0 を除く領域で正則で，$w' = \dfrac{y^2 - x^2 - 2xy}{(x^2+y^2)^2} + \dfrac{y^2 - x^2 + 2xy}{(x^2+y^2)^2}i = -\dfrac{1+i}{z^2}$.

問題 2.2.4 $f(x+yi) = u(x,y) + iv(x,y)$ とおき，微分方程式を解くと，$u(x,y) = x^3 - 3xy^2 + c$ (c：定数). $c = 0$ とおいて，正則関数 $f(z) = f(x+yi) = u(x,y) + iv(x,y) = x^3 - 3xy^2 + i(3x^2y - y^3) = z^3$ を得る．

第3章

問題 3.1.1 (1) $\dfrac{\sqrt{5}}{2} - \dfrac{1}{4}\log(\sqrt{5}-2)$ (2) $\dfrac{1}{3}(5\sqrt{5}-8)$

問題 3.1.2 $3 + 4i$

問題 3.1.3 $-2 + i$

問題 3.1.4 $2\pi i$

問題 3.2.1 (1) $2\pi i$ (2) 0 (3) 0

問題 3.2.2 (1) 0 (2) 0 (3) $\dfrac{14}{3}\pi i$

問題 3.3.1 (1) $\left(e + \dfrac{1}{e}\right)\pi i$ (2) $\dfrac{2}{3}\pi i$ (3) πi

問題 3.3.2 (1) 0 (2) $-\dfrac{\pi}{3}i$ (3) $2(1-\cos 1)\pi i$

問題 3.4.1 (1) $\displaystyle\sum_{n=0}^{\infty}(-1)^n(z-1)^n$ ($|z-1|<1$)

(2) $\displaystyle\sum_{n=0}^{\infty}\dfrac{(-1)^n}{2^{n+1}}(z-2)^n$ ($|z-2|<2$)

(3) $\displaystyle\sum_{n=0}^{\infty}\dfrac{(-1)^n}{2^n}(z-1)^n$ ($|z-1|<2$)

82　付録A　問題のヒントと解答

(4) $\displaystyle\sum_{n=0}^{\infty}(-1)^n 2^n (z-1)^n \ (|z-1|<\frac{1}{2})$

(5) $\displaystyle\sum_{n=0}^{\infty}\frac{(-1)^n}{3^{n+1}}(z-2)^{n+1} \ (|z-2|<3)$

(6) $\displaystyle\sum_{n=1}^{\infty}(-1)^{n+1} n (z-1)^{n-1} \ (|z-1|<1)$

問題 3.4.2 (1) $\displaystyle\sum_{n=1}^{\infty}\frac{(-1)^n}{(2n-1)!}(z-\pi)^{2n-1} \ (|z-\pi|<\infty)$

(2) $\displaystyle\sum_{n=0}^{\infty}\frac{(-1)^{n-1}}{(2n)!}(z-\pi)^{2n} \ (|z-\pi|<\infty)$　(3) $\displaystyle\sum_{n=0}^{\infty}\frac{e^{\pi}}{n!}(z-\pi)^n \ (|z-\pi|<\infty)$

第 4 章

問題 4.1.1 (1) $-\dfrac{1}{z}-\displaystyle\sum_{n=0}^{\infty}\frac{1}{2^{n+1}}z^n$　(2) $\displaystyle\sum_{n=1}^{\infty}\frac{2^n}{z^{n+1}}$

(3) $\dfrac{1}{z-2}+\displaystyle\sum_{n=0}^{\infty}\frac{(-1)^n}{2^{n+1}}(z-2)^n$　(4) $\displaystyle\sum_{n=1}^{\infty}\frac{(-1)^{n+1}2^n}{(z-2)^{n+1}}$

問題 4.1.2 (1) $\displaystyle\sum_{n=1}^{\infty}\frac{2^{n-1}}{5}\frac{1}{z^n}+\displaystyle\sum_{n=0}^{\infty}\frac{(-1)^{n+1}}{5\cdot 3^{n+1}}z^n$

(2) $-\dfrac{i}{6}\dfrac{1}{z-3i}+\displaystyle\sum_{n=0}^{\infty}\frac{i^n}{6^{n+2}}(z-3i)^n$　(3) $-\displaystyle\sum_{n=0}^{\infty}\frac{8^n}{z^{3n+2}}$

(4) $-\dfrac{1}{z+1}-\displaystyle\sum_{n=0}^{\infty}(z+1)^n$

(5) $-\dfrac{1}{2}\dfrac{1}{z-1}+\dfrac{3}{2}\displaystyle\sum_{n=2}^{\infty}\frac{(-1)^n}{(z-1)^n}+\dfrac{1}{2}\displaystyle\sum_{n=0}^{\infty}\frac{(-1)^n}{3^{n+1}}(z-1)^n$

問題 4.2.1 (1) 点 $z=0$ は除去可能な特異点．　(2) 点 $z=0$ は 2 位の極，点 $z=2$ は 1 位の極．　(3) 点 $z=0$ は 3 位の極．　(4) 点 $z=1$ は真性特異点．(5) 点 $z=0$ は 2 位の極　(6) 点 $z=\pm 2i$ は 1 位の極．　(7) 点 $z=0$ は真性特異点．　(8) 点 $z=1$ は真性特異点．

問題 4.3.1 (1) 点 $z=\pm 2, \pm 2i$ は 1 位の極で，$\mathrm{Res}(\pm 2)=\dfrac{1}{16}$，$\mathrm{Res}(\pm 2i)=$

$-\dfrac{1}{16}$. (2) 点 $z = \pm 3i$ は 2 位の極で, $\mathrm{Res}(3i) = -\dfrac{i}{108}$, $\mathrm{Res}(-3i) = \dfrac{i}{108}$.
(3) 点 $z = 3$ は 2 位の極で, $\mathrm{Res}(3) = 2e^6$. (4) 点 $z = 0$ は真性特異点で,
$\mathrm{Res}(0) = \dfrac{1}{6}$.

問題 4.3.2 (1) $-2\pi i$. (2) $-\dfrac{5}{8}\pi i$. (3) $\dfrac{\pi}{3}i$. (4) 0. (5) 0. (6) $2\pi i$. (7) $-6\pi i$.
(8) 0. (9) 0.

問題 4.4.1 (1) $\dfrac{2}{\sqrt{15}}\pi$. (2) $-\pi$. (3) $\dfrac{\pi}{2\sqrt{2}}$. $I = \displaystyle\int_0^{\frac{\pi}{2}} \dfrac{d\theta}{1+\sin^2\theta}$ とおくと,
$2I = \displaystyle\int_0^{2\pi} \dfrac{d\theta}{3-\cos\theta}$ を用いよ. (4) $\dfrac{\pi}{\sqrt{2}}$. (5) $\dfrac{2\pi}{\sqrt{6}}$. (6) $\dfrac{\pi}{4\sqrt{2}}$.

問題 4.4.2 (1) $\dfrac{\pi}{2\sqrt{2}}$. (2) $\dfrac{\pi}{6}$. (3) $\dfrac{5}{12}\pi$. (4) $\dfrac{\pi}{2e^2}$. (5) $\dfrac{\pi}{2e^2}$. (6) $-\dfrac{\pi}{2}\sin 2$.
(7) $\dfrac{\pi}{2\sqrt{2}}$. (8) $\dfrac{\pi}{12}$. (9) $\dfrac{3e^3-1}{24e^9}$. (10) $-\dfrac{\pi}{10e^2}(3\cos 6 + \sin 6)$.

索引

■ あ行

r-開円板, 11
r-近傍, 11
r-円周, 11
r-閉円板, 11
相等しい, 1
1次変換, 33
一価分枝, 34, 35
一致の定理, 54
上に有界, 73
折れ線, 12

■ か行

開集合, 11
ガウス平面, 3
逆関数, 33
逆数, 3
境界, 41
共役複素数, 10
極, 62
極形式, 5
極形式の一般形, 6
極限 (値), 12, 18, 71
虚軸, 3
虚数単位, 1
虚部, 1
区分的に C^1 級の曲線, 36
区分的に滑らかな曲線, 36
コーシー積, 15

コーシーの積分公式, 46
コーシーの積分定理, 42
コーシーの評価式, 50
コーシー・リーマンの方程式, 29
コーシー列, 13, 75
孤立特異点, 55

■ さ行

最大絶対値の定理, 54
C^1 級の曲線, 36
C^1 級, 29
指数関数, 22
下に有界, 73
実軸, 3
実数列, 71
実部, 1
始点, 37
収束円, 22
収束円板, 22
収束する, 12, 14, 71
収束半径, 22
終点, 37
主枝, 35
主要部, 61
純虚数, 1
除去可能な特異点, 62
ジョルダン閉曲線, 37
真性特異点, 62

整関数, 50
整級数, 19
正則, 29
正則関数, 29
正則である, 29
正の向き, 41
積, 2
絶対収束級数, 15
絶対値, 5
全射, 32
線分, 12

■ た行

第 n 部分和, 14
代数学の基本定理, 51
単射, 32
単純閉曲線, 37
単調減少列, 73
単調増加列, 73
値域, 17
$\overline{D}$, 41
定義域, 17
D で複素微分可能, 26
テイラー級数展開, 52
点 z_0 で複素微分可能, 26
導関数, 26
ド・モアブルの公式, 7

■ な 行
滑らかな曲線, 36

■ は 行
発散する, 12, 14, 71
複素関数, 17
複素級数, 14
複素三角関数, 24
複素数, 1
複素数列, 12
複素積分, 38
複素点列, 12
複素微分係数, 26
複素平面, 3

部分列, 74
閉曲線, 37
閉集合, 11
閉領域, 41
偏角, 5
補集合, 11

■ ま 行
メビウス変換, 33

■ や 行
有界, 12, 73
優級数定理, 16

■ ら 行
留数, 63
留数定理, 64
リュービルの定理, 50
領域, 12
連結, 12
連続, 19
連続関数, 19
ローラン級数展開, 57

■ わ 行
和, 2, 14

福嶋幸生 福岡大学理学部教授
吉田 守 福岡大学名誉教授

理工系のための 複素関数論

2009年11月20日 第1版 第1刷 発行
2017年4月10日 第1版 第3刷 発行

著 者　福嶋幸生
　　　　吉田　守
発行者　発田寿々子
発行所　株式会社　学術図書出版社
〒113-0033　東京都文京区本郷5丁目4の6
TEL 03-3811-0889　振替 00110-4-28454
印刷　三松堂印刷(株)

定価はカバーに表示してあります．

本書の一部または全部を無断で複写（コピー）・複製・転載することは，著作権法でみとめられた場合を除き，著作者および出版社の権利の侵害となります．あらかじめ，小社に許諾を求めて下さい．

© 2009　Y. FUKUSHIMA, M. YOSHIDA　Printed in Japan
ISBN978-4-7806-0168-8　C3041